2025 교육청 · 대학부설 영재교육원 **완벽 대비**

영재성검사
창의적
문제해결력
모의고사

초등
5~6
학년

시대에듀

영재성검사
창의적
문제해결력
모의고사

안쌤
영재교육연구소

안쌤 영재교육연구소 학습 자료실
샘플 강의와 정오표 등 여러 가지 학습 자료를 확인하세요~!

창의성이란 무엇인가?

오늘날 세상이 필요로 하는 인재를 논할 때 빠지지 않는 것이 '창의성이 뛰어난 사람'이다. 우리는 창의성이라는 단어를 쉽게 사용하고 있지만 창의성이 무엇인지, 어떤 요소들을 창의성이라 평가하는지에 대해 잘 알고 있지 못하다. 창의성을 강요당하는 학생들은 목적지도 모른 채 무작정 걷기만 하는 것과 다를 바 없지 않을까? 많은 학생들을 지도하다 보면 뛰어난 능력이나 잠재력을 가지고 있음에도 불구하고, 경험이 부족하거나 표현하는 방법을 알지 못해 정확한 평가를 받지 못하는 학생을 종종 만날 수 있다. 또한, 창의성은 타고나는 것으로 자신과는 거리가 멀다 생각하고 미리 포기하는 학생들도 있다. 따라서 학생들이 이 교재를 통해 문제를 해결하는 다양한 아이디어를 찾아내는 것이 남들과 다른 자신만의 창의성을 표현하는 방법이 된다는 사실을 알았으면 한다.

영재교육원 선발에서 중요하게 평가되는 요소는 영재성과 창의성이다. 최근 영재교육원 지원자 수가 증가함에 따라 짧은 시간의 면접만으로 학생들의 영재성과 창의성을 정확하게 판별하는 것이 쉽지 않아졌다. 이 때문에 다시 영재성검사, 창의적 문제해결력 평가와 같은 지필시험을 통해 영재교육 대상자를 선발하는 교육기관의 수가 점점 늘고 있다. 다년간의 영재성·창의성 강의의 노하우를 담은 「영재성검사 창의적 문제해결력 모의고사」 교재로의 학습은 영재교육원 지필시험에 대비하는 가장 효과적인 방법이 될 것이다.

영재성과 창의성을 태어날 때부터 가지고 태어나는 학생들도 있다. 하지만 연습과 노력을 통해 그 능력을 향상시킬 수 있으며, 실제로 매년 그 결과를 확인하고 있다. 여러분도 그 주인공이 될 수 있다. 이 책을 보기 전에 미리 이 책의 마지막 장을 덮은 자신의 모습을 상상해 보자. 영재교육원 지필시험 정도는 전혀 두려워하지 않고, 지금보다 훨씬 자신감이 넘치며 뛰어난 영재성과 창의성을 가진 자신의 모습일 것이다. 상상만으로 벌써 미소가 지어지지 않는가?

그렇다면 이제 이 책을 시작할 시간이다.

안쌤 영재교육연구소 융합수학컨텐츠 개발 팀장 **이 상 호**(수달쌤)

영재교육원에 대해 궁금해 하는 Q&A

No.1 안쌤이 생각하는 대학부설 영재교육원과 교육청 영재교육원의 차이점

Q 어느 영재교육원이 더 좋나요?

A 대학부설 영재교육원이 대부분 더 좋다고 할 수 있습니다. 대학부설 영재교육원은 교수님의 주관으로 진행되고, 교육청 영재교육원은 영재 담당 선생님이 진행합니다. 교육청 영재교육원은 기본 과정, 대학부설 영재교육원은 심화 과정과 사사 과정을 담당합니다.

Q 어느 영재교육원이 들어가기 어렵나요?

A 대학부설 영재교육원이 합격하기 더 어렵습니다. 보통 대학부설 영재교육원은 9~11월, 교육청 영재교육원은 11~12월에 선발합니다. 먼저 선발하는 대학부설 영재교육원에 대부분의 학생들이 지원하고 상대평가로 합격이 결정되므로 경쟁률이 높고 합격하기 어렵습니다.

Q 선발 방법은 어떻게 다른가요?

A

대학부설 영재교육원은 대학마다 다양한 유형으로 진행이 됩니다.	교육청 영재교육원은 지역마다 다양한 유형으로 진행이 됩니다.

1단계 서류 전형으로 자기소개서, 영재성 입증자료
2단계 지필평가
    (창의적 문제해결력 평가(검사), 영재성판별검사,
    창의력검사 등)
3단계 심층면접(캠프전형, 토론면접 등)
※ 지원하고자 하는 대학부설 영재교육원 모집요강을 꼭 확인해 주세요.
	GED 지원단계 자기보고서 포함 여부
	1단계 지필평가
	    (창의적 문제해결력 평가(검사), 영재성검사 등)
	2단계 면접(심층면접, 토론면접 등)
	
	※ 지원하고자 하는 교육청 영재교육원 모집요강을 꼭 확인해 주세요.

No.2 교재 선택의 기준

Q 현재 4학년이면 어떤 교재를 봐야 하나요?

A 교육청 영재교육원은 선행 문제를 낼 수 없기 때문에 현재 학년에 맞는 교재를 선택하시면 됩니다.

Q 현재 6학년인데, 중등 영재교육원에 지원합니다. 중등 선행을 해야 하나요?

A 현재 6학년이면 6학년과 관련된 문제가 출제됩니다. 중등 영재교육원이라 하는 이유는 올해 합격하면 내년에 중학교 1학년이 되어 영재교육원을 다니기 때문입니다.

Q 대학부설 영재교육원은 수준이 다른가요?

A 대학부설 영재교육원은 대학마다 다르지만 1~2개 학년을 더 공부하는 것이 유리합니다.

No.3 지필평가 유형 안내

Q 영재성검사와 창의적 문제해결력 검사는 어떻게 다른가요?

A 과거

영재성 검사
언어 창의성
수학 창의성
수학 사고력
과학 창의성
과학 사고력

+

학문적성 검사
수학 사고력
과학 사고력
창의 사고력

=

창의적 문제해결력 검사
수학 창의성
수학 사고력
과학 창의성
과학 사고력
융합 사고력

현재

영재성 검사
일반 창의성
수학 창의성
수학 사고력
과학 창의성
과학 사고력

창의적 문제해결력 검사
수학 창의성
수학 사고력
과학 창의성
과학 사고력
융합 사고력

지역마다 실시하는 시험이 다릅니다.
서울: 창의적 문제해결력 검사
부산: 창의적 문제해결력 검사(영재성검사＋학문적성검사)
대구: 창의적 문제해결력 검사
대전＋경남＋울산: 영재성검사, 창의적 문제해결력 검사

No.4 영재교육원 대비 파이널 공부 방법

Step1 자기인식

자가 채점으로 현재 자신의 실력을 확인해 주세요. 남은 기간 동안 효율적으로 준비하기 위해서는 현재 자신의 실력을 확인해야 합니다. 기간이 많이 남지 않았다면 빨리 지필평가에 맞는 교재를 준비해 주세요.

Step2 답안 작성 연습

지필평가 대비로 가장 중요한 부분은 답안 작성 연습입니다. 모든 문제가 서술형이라서 아무리 많이 알고 있고, 답을 알더라도 답안을 제대로 작성하지 않으면 점수를 잘 받을 수 없습니다. 꼭 답안 쓰는 연습을 해 주세요. 자가 채점이 많은 도움이 됩니다.

안쌤이 생각하는
자기주도형 학습법

변화하는 교육정책에 흔들리지 않는 것이 자기주도형 학습법이 아닐까?
입시 제도가 변해도 제대로 된 학습을 한다면 자신의 꿈을 이루는 데 걸림돌이 되지 않는다!

> # 독서 ▶ 동기 부여 ▶ 공부 스타일로
> ## 공부하기 위한 기본적인 환경을 만들어야 한다.

1단계 　독서

'빈익빈 부익부'라는 말은 지식에도 적용된다. 기본적인 정보가 부족하면 새로운 정보도 의미가 없지만, 기본적인 정보가 많으면 새로운 정보를 의미 있는 정보로 만들 수 있고, 기본적인 정보와 연결해 추가적인 정보(응용·창의)까지 쌓을 수 있다. 그렇기 때문에 먼저 기본적인 지식을 쌓지 않으면 아무리 열심히 공부해도 수학·과학 과목에서 높은 점수를 받기 어렵다. 기본적인 지식을 많이 쌓는 방법으로는 독서와 다양한 경험이 있다. 그래서 입시에서 독서 이력과 상의석 체험활동(www.neis.go.kr)을 보는 것이다.

2단계 　동기 부여

인간은 본인의 의지로 선택한 일에 책임감이 더 강해지므로 스스로 적성을 찾고 장래를 선택하는 것이 가장 좋다. 스스로 적성을 찾는 방법은 여러 종류의 책을 읽어서 자기가 좋아하는 관심 분야를 찾는 것이다. 자기가 원하는 분야에 관심을 갖고 기본 지식을 쌓다 보면, 쌓인 기본 지식이 학습과 연관되면서 공부에 흥미가 생겨 점차 꿈을 이루어 나갈 수 있다. 꿈과 미래가 없이 막연하게 공부만 하면 두뇌의 반응이 약해진다. 그래서 시험 때까지만 기억하면 그만이라고 생각하는 단순 정보는 시험이 끝나는 순간 잊어버린다. 반면 중요하다고 여긴 정보는 두뇌를 강하게 자극해 오래 기억된다. 살아가는 데 꿈을 통한 동기 부여는 학습법 자체보다 더 중요하다고 할 수 있다.

3단계 　공부 스타일

공부하는 스타일은 학생마다 다르다. 예를 들면, '익숙한 것을 먼저 하고 익숙하지 않은 것을 나중에 하기', '쉬운 것을 먼저 하고 어려운 것을 나중에 하기', '좋아하는 것을 먼저 하고, 싫어하는 것을 나중에 하기' 등 다양한 방법으로 공부를 하다 보면 자신에게 맞는 공부 스타일을 찾을 수 있다. 자신만의 방법으로 공부를 하면 성취감을 느끼기 쉽고, 어떤 일이든지 자신 있게 해낼 수 있다.

어느 정도 기본적인 환경을 만들었다면
이해 - 기억 - 복습의 자기주도형 3단계 학습법으로
창의적 문제해결력을 키우자.

1단계 이해

단원의 전체 내용을 쭉 읽어본 뒤, 개념 확인 문제를 풀면서 중요 개념을 확인해 전체적인 흐름을 잡고 내용 간의 연계(마인드맵 활용)를 만들어 전체적인 내용을 이해한다.
개념을 오래 고민하고 깊이 이해하려고 하는 습관은 스스로에게 질문하는 것에서 시작된다.
[이게 무슨 뜻일까? / 이건 왜 이렇게 될까? / 이 둘은 뭐가 다르고, 뭐가 같을까? / 왜 그럴까?]
막히는 문제가 있으면 먼저 머릿속으로 생각하고, 끝까지 이해가 안 되면 답지를 보고 해결한다. 그래도 모르겠으면 여러 방면 (관련 도서, 인터넷 검색 등)으로 이해될 때까지 찾아보고, 그럼에도 이해가 안 된다면 선생님께 여쭤 보라. 이런 과정을 통해서 스스로 문제를 해결하는 능력이 키워진다.

2단계 기억

암기해야 하는 부분은 의미 관계를 중심으로 분류해 전체 내용을 조직한 후 자신의 성격이나 환경에 맞는 방법, 즉 자신만의 공부 스타일로 공부한다. 이때 노력과 반복이 아닌 흥미와 관심으로 시작하는 것이 중요하다. 그러나 흥미와 관심만으로는 힘들 수 있기 때문에 단원과 관련된 수학·과학 개념이 사회 현상이나 기술을 설명하기 위해 어떻게 활용되고 있는지를 알아보면서 자연스럽게 다가가는 것이 좋다.
그리고 개념 이해를 요구하는 단원은 기억 단계를 필요로 하지 않기 때문에 이해 단계에서 바로 복습 단계로 넘어가면 된다.

3단계 복습

복습은 여러 유형의 문제를 풀어 보는 것이므로, 이렇게 할 때 교과서에 나온 개념과 원리를 제대로 이해할 수 있을 것이다. 기본 교재(내신 교재)의 문제와 심화 교재(창의사고력 교재)의 문제를 풀면서 문제해결력과 창의성을 키우는 연습을 한다면 시험에서 좋은 점수를 받을 수 있을 것이다.

마지막으로 과목에 대한 흥미를 바탕으로 정서적으로 안정적인 상태에서 낙관적인 태도로 자신감 있게 공부하는 것이 가장 중요하다.

안쌤 영재교육연구소 대표 **안 재 범**

안쌤이 생각하는
영재교육원 대비 전략

1. 학교 생활 관리: 담임교사 추천, 학교장 추천을 받기 위한 기본적인 관리
- 교내 각종 대회 대비 및 창의적 체험활동(www.neis.go.kr) 관리
- 독서 이력 관리: 교육부 독서교육종합지원시스템 운영

2. 흥미 유발과 사고력 향상: 학습에 대한 흥미와 관심을 유발
- 퍼즐 형태의 문제로 흥미와 관심 유발
- 문제를 해결하는 과정에서 집중력과 두뇌 회전력, 사고력 향상

▲ 안쌤의 사고력 수학 퍼즐 시리즈 (총 14종)

3. 교과 선행: 학생의 학습 속도에 맞춰 진행
- '교과 개념 교재 ➡ 심화 교재'의 순서로 진행
- 현행에 머물러 있는 것보다 학생의 학습 속도에 맞는 선행 추천

4. 수학, 과학 과목별 학습
- 수학, 과학의 개념을 이해할 수 있는 문제해결

▲ 안쌤의 STEAM + 창의사고력
수학 100제 시리즈
(초등 1, 2, 3, 4, 5, 6학년)

▲ 안쌤의 STEAM + 창의사고력
과학 100제 시리즈
(초등 1, 2, 3, 4, 5, 6학년)

5. 융합사고력 향상

- 융합사고력을 향상시킬 수 있는 문제해결로 구성

◀ 안쌤의 수 · 과학 융합 특강

6. 지원 가능한 영재교육원 모집 요강 확인

- 지원 가능한 영재교육원 모집 요강을 확인하고 지원 분야와 전형 일정 확인
- 지역마다 학년별 지원 분야가 다를 수 있음

7. 지필평가 대비

- 평가 유형에 맞는 교재 선택과 서술형 답안 작성 연습 필수

▲ 영재성검사 창의적 문제해결력
모의고사 시리즈
(초등 3~4, 5~6, 중등 1~2학년)

▲ SW 정보영재 영재성검사
창의적 문제해결력 모의고사 시리즈
(초등 3~4, 초등 5~중등 1학년)

8. 탐구보고서 대비

- 탐구보고서 제출 영재교육원 대비

◀ 안쌤의 신박한 과학 탐구보고서

9. 면접 기출문제로 연습 필수

- 면접 기출문제와 예상문제에 자신
  만의 답변을 글로 정리하고, 말로
  표현하는 연습 필수

◀ 안쌤과 함께하는 영재교육원 면접 특강

이 책의 구성과 특징

문제편

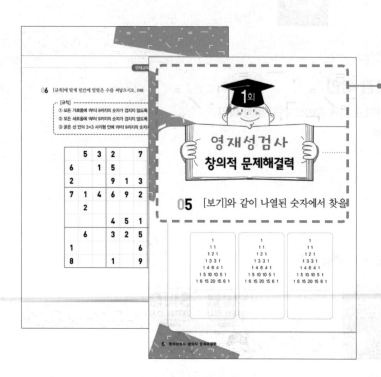

창의적 문제해결력 모의고사 4회분

초등 5~6학년 수학·과학 개념을 기반으로 영재교육원 영재성검사, 창의적 문제해결력 평가 최신 출제 경향을 반영하여 창의성, 수학·과학 사고력, 융합 사고력 평가문제로 구성된 창의적 문제해결력 모의고사 4회분을 수록했어요. 모의고사를 통해 영재교육원 창의적 문제해결력 평가의 실전 감각을 익힐 수 있어요.

영재교육원 최신 기출문제

다년간의 교육청·대학부설 영재교육원 영재성검사, 창의적 문제해결력 평가 최신 기출문제를 수록했어요. 이를 통해 영재교육원 선발시험의 문제 유형과 내용, 변화의 흐름을 예측할 수 있어요.
또한, 최신 기출문제 해설 강의를 안쌤 영재교육연구소 유튜브 채널에서 제공하고 있어요.

최신 기출문제 복원에는 '행복한 영재들의 놀이터'를 운영하고 계신 정영철 선생님께서 도움을 주셨어요.(blog.naver.com/ccedulab)

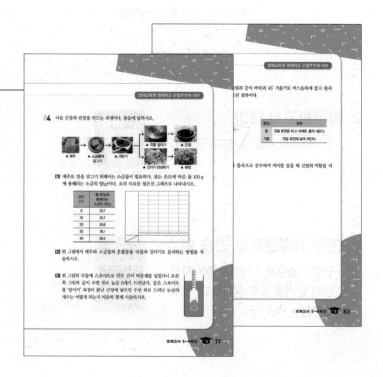

정답 및 해설편

평가 가이드
문항 구성 및 채점표

창의적 문제해결력 모의고사 평가 영역을 창의성, 수학·과학 사고력, 문제 파악 능력, 문제 해결 능력으로 나눈 문항 구성 및 채점표를 수록했어요. 이를 이용하여 평가 결과에 따른 학습 방향을 통해 부족한 부분을 보완하여 개선해 나갈 수 있어요.

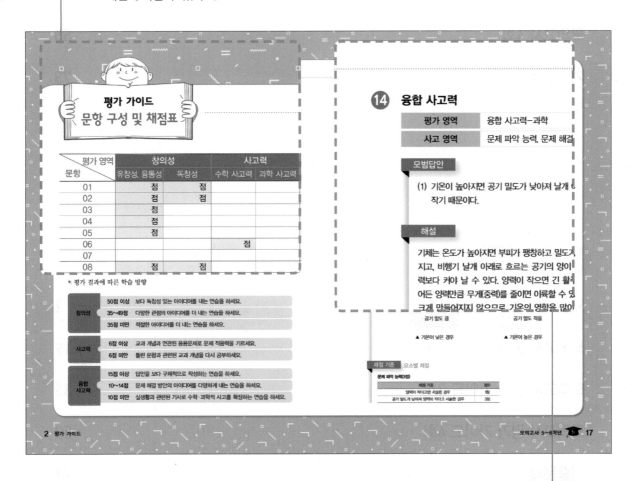

모범답안, 예시답안 및 채점 기준

창의적 문제해결력 문제에 대한 모범답안이나 예시답안, 적절하지 않은 답안 및 채점 기준을 제시했어요. 자신의 답안과 비교해 보고 자신의 장점은 살리고 부족한 부분은 개선해 영재교육원 지필시험에 대비할 수 있어요.

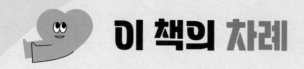

이 책의 차례

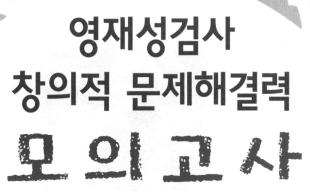

영재성검사
창의적 문제해결력
모의고사

1회

초등학교 　 학년 　 반 　 번

성 명 　 　 　 지원 부문

- 시험 시간은 총 90분입니다.
- 문제가 1번부터 14번까지 있는지 확인하시오.
- 문제지에 학교, 학년, 반, 번, 성명, 지원 부문을 정확히 쓰시오.
- 문항에 따라 배점이 다릅니다. 각 물음의 끝에 표시된 배점을 참고하시오.
- 필기구 외에는 계산기 등을 일체 사용할 수 없습니다.

제한시간 : **90**분

01 조금 전, 다음 사진 속 아이에게 일어났을 것으로 생각되는 일을 10가지 서술하시오.

[7점]

①

②

③

④

⑤

⑥

⑦

⑧

⑨

⑩

02 성공하기 어려운 일을 비유하는 속담으로 '낙타가 바늘구멍 통과하기'라는 말이 있다. 낙타가 바늘구멍을 통과할 수 있는 방법을 10가지 서술하시오. [7점]

①

②

③

④

⑤

⑥

⑦

⑧

⑨

⑩

03 다음은 주원이 방을 찍은 사진이다. 주원이 방에서 찾을 수 있는 수학적 원리를 10가지 서술하시오. [7점]

①

②

③

④

⑤

⑥

⑦

⑧

⑨

⑩

04 [보기]와 같이 정답이 7이 되는 문제를 10개 만드시오. [7점]

> ──── [보기] ────
>
> 일주일은 며칠인가?

①

②

③

④

⑤

⑥

⑦

⑧

⑨

⑩

05 [보기]와 같이 나열된 숫자에서 찾을 수 있는 규칙을 5가지 서술하시오. [7점]

┌─ [보기] ─┐

```
        1
       1 1
      1 2 1
     1 3 3 1
    1 4 6 4 1
  1 5 10 10 5 1
1 6 15 20 15 6 1
```

숫자들이 1씩 커진다.

```
        1
       1 1
      1 2 1
     1 3 3 1
    1 4 6 4 1
  1 5 10 10 5 1
1 6 15 20 15 6 1
```

```
        1
       1 1
      1 2 1
     1 3 3 1
    1 4 6 4 1
  1 5 10 10 5 1
1 6 15 20 15 6 1
```

```
        1
       1 1
      1 2 1
     1 3 3 1
    1 4 6 4 1
  1 5 10 10 5 1
1 6 15 20 15 6 1
```

```
        1
       1 1
      1 2 1
     1 3 3 1
    1 4 6 4 1
  1 5 10 10 5 1
1 6 15 20 15 6 1
```

```
        1
       1 1
      1 2 1
     1 3 3 1
    1 4 6 4 1
  1 5 10 10 5 1
1 6 15 20 15 6 1
```

06 [규칙]에 맞게 빈칸에 알맞은 수를 써넣으시오. [5점]

[규칙]

① 모든 가로줄에 1부터 9까지의 숫자가 겹치지 않도록 써넣는다.

② 모든 세로줄에 1부터 9까지의 숫자가 겹치지 않도록 써넣는다.

③ 굵은 선 안의 3×3 사각형 안에 1부터 9까지의 숫자가 겹치지 않도록 써넣는다.

	5	3	2		7			8
6		1	5					2
2			9	1	3		5	
7	1	4	6	9	2			
	2						6	
			4	5	1	2	9	7
	6		3	2	5			9
1					6	3		4
8			1		9	6	7	

07 다음 기사를 읽고 물음에 답하시오.

[기사]

국내 한 대학의 환경공해연구소 보고서에 따르면 서울에서 미세먼지로 인해 월평균 1,179명이 사망하는 것으로 추정된다. 1년 단위로 계산하면 1만 4,000명이 넘는 시민들의 수명이 단축되고 있다는 것이다. 미세먼지 오염도가 120 μg/m³ 이상이면 주의보가 발령되는데, 만약 오염도가 162 μg/m³인 실외에서 1시간 동안 산책하면 밀폐 공간에서 1시간 24분 동안 담배 한 개피의 연기를 들이마시는 것과 같다는 연구 결과도 있다.

(1) 1시간 24분은 몇 시간인지 소수로 나타내고 풀이 과정을 서술하시오. [3점]

1시간 24분을 소수로 나타낸 수

풀이 과정

(2) 미세먼지로 인한 피해를 줄일 수 있는 방법을 10가지 서술하시오. [7점]

①

②

③

④

⑤

⑥

⑦

⑧

⑨

⑩

영재성검사
창의적 문제해결력

08 비누와 지우개의 공통점을 10가지 서술하시오. [7점]

①

②

③

④

⑤

⑥

⑦

⑧

⑨

⑩

09 빗방울의 크기가 주먹만큼 커지면 어떤 일이 일어날지 10가지 서술하시오. [7점]

①

②

③

④

⑤

⑥

⑦

⑧

⑨

⑩

영재성검사
창의적 문제해결력

10 바이오 디젤에 대한 설명을 읽고, 바이오 디젤이 인간 생활에 미칠 수 있는 영향을 5가지 서술하시오. [7점]

바이오 디젤이란?

콩기름, 유채기름, 폐식물기름 등의 식물성 기름을 원료로 만든 무공해 연료를 통틀어 일컫는 말이다.

❶

❷

❸

❹

❺

11 겨울에는 창문 안쪽에 하얗게 김이 잘 서린다. 우리 생활에서 이와 같은 원리로 일어나는 현상을 10가지 서술하시오. [7점]

①

②

③

④

⑤

⑥

⑦

⑧

⑨

⑩

12 자동차 연비란 1 L의 연료로 얼마나 먼 거리를 이동할 수 있는지를 나타낸 것으로, '이동한 거리÷사용된 연료의 양'으로 구할 수 있다. 연비가 높은 자동차는 적은 연료로 먼 거리를 갈 수 있어 연료비를 아낄 수 있다. 자동차의 연비를 높일 수 있는 방법을 10가지 서술하시오. [7점]

①

②

③

④

⑤

⑥

⑦

⑧

⑨

⑩

13 우성이는 어머니가 다림질하시는 것을 구경하다 다리미의 전원이 켜졌다 꺼지기를 반복하는 것을 보았다. 전기다리미를 사용하는 동안 다리미 온도가 일정하도록 만들어졌기 때문이다. 전기다리미가 온도를 유지하는 원리를 서술하시오. [5점]

14 다음 기사를 읽고 물음에 답하시오.

[기사]

2017년 7월 20일 미국 애리조나주 기온은 47.8 ℃를 기록했다. 애리조나주에 있는 피닉스 스카이하버 공항은 이상 고온 때문에 국내를 오가는 소형 비행기 운항을 40편 이상 취소했다. 기온이 49 ℃ 이상이 되면 소형 비행기의 이착륙이 어려운 것으로 알려져 있다. 전문가들은 '너무 뜨거운 날씨로 인해 비행기가 날지 못하는 일이 반복될 수 있고, 지구 온난화로 인해 비행기 운항 자체가 타격을 받을 수 있다.'고 경고했다.

비행기 날개는 윗면이 볼록하고 아랫면이 평평하므로 날개 위아래에서 공기가 다른 속도로 흐른다. 날개 윗면의 공기가 날개 아랫면의 공기보다 빠르게 흘러 압력이 낮아지면 아래쪽에서 위쪽으로 물체를 밀어 올리는 힘인 양력이 생긴다. 비행기가 활주로 끝에서부터 빠르게 움직이면 날개에 생기는 양력이 커지고, 양력이 비행기에 작용하는 중력보다 커지면 비행기가 이륙한다.

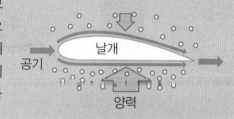

(1) 기온이 높아지면 소형 비행기의 이륙이 어려워지는 이유를 서술하시오. [3점]

(2) 더운 날씨 또는 더운 지역에 위치한 공항에서 비행기의 이륙과 착륙을 안전하게 할 수 있는 방법을 3가지 서술하시오. [7점]

❶

❷

❸

1회

영재성검사
창의적 문제해결력

영재성검사
창의적 문제해결력
모의고사

2회

초등학교　　　　학년　　　　반　　　　번

성 명 ◀　　　　　　　　　　지원 부문 ◀

- 시험 시간은 총 90분입니다.
- 문제가 1번부터 14번까지 있는지 확인하시오.
- 문제지에 학교, 학년, 반, 번, 성명, 지원 부문을 정확히 쓰시오.
- 문항에 따라 배점이 다릅니다. 각 물음의 끝에 표시된 배점을 참고하시오.
- 필기구 외에는 계산기 등을 일체 사용할 수 없습니다.

제한시간 : 90분

영재성검사
창의적 문제해결력

01 돈의 가치가 점점 떨어지면서 10원짜리 동전을 자주 사용하지 않게 되었다. 머지않아 모든 동전이 사라지는 시대가 올지도 모른다. 자주 사용하지 않는 10원짜리 동전으로 어머니를 기쁘게 해드릴 수 있는 방법을 5가지 서술하시오. [7점]

❶

❷

❸

❹

❺

02 고층 빌딩에 간 지후는 빌딩의 높이가 궁금했다. 빌딩의 높이를 알 방법을 10가지 서술하시오. [7점]

①

②

③

④

⑤

⑥

⑦

⑧

⑨

⑩

영재성검사
창의적 문제해결력

03 [보기]와 같이 점선으로 접었을 때 완전히 겹쳐지는 단어 중 2글자 이상으로 이루어진
의미 있는 단어를 20개 쓰시오. [7점]

[보기]

수 조 추 호
소 수 수 소

①   ⑪

②   ⑫

③   ⑬

④   ⑭

⑤   ⑮

⑥   ⑯

⑦   ⑰

⑧   ⑱

⑨   ⑲

⑩   ⑳

04 인포그래픽이란 'information'과 'graphics'의 합성어로 여러 종류의 다양한 정보를 차트, 지도, 그림 등을 활용해 쉽고 빠르게 전달하는 디자인 기법이다. 다음 텔레비전 시청률 조사 인포그래픽에서 알 수 있는 사실을 5가지 서술하시오. [7점]

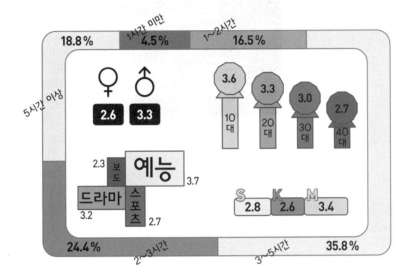

❶

❷

❸

❹

❺

05 1+1=2이다. 하지만 물 한 방울과 물 한 방울이 모여 큰 물방울 1개가 되는 것처럼 1+1=1이 되는 경우도 있다. 1+1=1이 되는 경우를 10가지 서술하시오. [7점]

①

②

③

④

⑤

⑥

⑦

⑧

⑨

⑩

06 삼각형의 규칙이 다음과 같을 때, 10번째 도형에서 색칠된 삼각형의 개수를 구하고
풀이 과정을 서술하시오. [5점]

색칠된 삼각형의 개수

풀이 과정

07 다음 기사를 읽고 물음에 답하시오.

[기사]

'되로 주고 말로 받는다.', '구슬이 서 말이라도 꿰어야 보배'와 같은 속담에는 우리 조상들이 사용했던 들이(부피)의 단위인 '되', '말'이 나온다. 지금은 mL나 L와 같은 단위를 사용하지만, 옛날 우리 조상들은 '되'와 '말'과 같은 단위를 사용했으며, 그 흔적은 지금도 쉽게 찾을 수 있다. 곡식, 액체, 가루 따위의 양을 재는 그릇을 '말'이라고 하며 약 18 L정도가 된다. '말'은 '되'의 열 배, '되'는 '홉'의 열 배가 되는 단위로 '되'는 두 손으로 움켜잡은 양이고 '홉'은 한 줌의 양이다.

홉　　　　되　　　　말

(1) 1홉은 오늘날의 단위로 몇 L인지 구하시오. [3점]

(2) '되로 주고 말로 받는다.', '구슬이 서 말이라도 꿰어야 보배'와 같이 단위가 들어간 속담을 5가지 쓰시오. [7점]

❶

❷

❸

❹

❺

08 다음 글을 읽고 지율이의 주장에서 잘못된 점을 찾고, 그 이유를 서술하시오. [7점]

> 지율이네 학교에서는 매월 독서량이 가장 많은 반에 독서상을 준다. 이번 달에는 지율이네 반이 독서상을 받았다. 지율이는 평소에 책을 읽지 않는다고 엄마에게 자주 꾸중을 듣는다. 독서상을 받은 날, 지율이는 집에 가서 엄마에게 자랑을 했다.
>
> "엄마, 우리 반이 독서상을 받았어요. 나 잘했죠?"
>
> "하지만 너는 책을 읽지 않잖아. 매일 책은 안 보고 게임만 하면서... 담임 선생님께서도 네가 책을 읽지 않는다고 걱정하시던데..."
>
> "어쨌든 우리 반이 독서상을 받았잖아요. 그건 나도 책을 많이 읽는다는 거예요."

잘못된 점

이유

09 우리가 어른이 되면 사라질 직업도 있을 것이고, 새로 생겨날 직업도 있을 것이다. 미래에 사라질 직업과 새로 생겨날 직업을 각각 4가지 쓰고, 그 이유를 서술하시오. [7점]

사라질 직업

①

②

③

④

생겨날 직업

①

②

③

④

영재성검사
창의적 문제해결력

10 그리스의 수학자 아르키메데스는 '나에게 아주 긴 지렛대만 있다면 지구도 움직일 수 있다.'라고 말했다. 우리 생활 속에서 지레의 원리를 이용한 도구를 20가지 쓰시오.

[7점]

① ⑪

② ⑫

③ ⑬

④ ⑭

⑤ ⑮

⑥ ⑯

⑦ ⑰

⑧ ⑱

⑨ ⑲

⑩ ⑳

11 다음 글을 읽고, 온도 변화에 따라 물질의 부피가 변하는 성질 때문에 볼 수 있는
현상이나 이를 활용한 예를 5가지 서술하시오. [7점]

> 철수는 냉동실에 넣어둔 물병이 깨진 이유가 궁금해 선생님께 질문하였다. 철수의
> 질문을 들은 선생님께서는 물이 얼면 부피가 커져 유리병이 깨질 수 있다고 말씀
> 하셨다.

①

②

③

④

⑤

영재성검사
창의적 문제해결력

12 생선 요리를 할 때 비린내를 없애기 위해 레몬즙을 뿌린다. 이와 같은 원리를 활용하는 경우를 10가지 서술하시오. [7점]

❶

❷

❸

❹

❺

❻

❼

❽

❾

❿

13 냇가에서 물의 깊이를 눈으로 어림하면 실제보다 얕아 보인다. 물의 깊이가 실제보다 얕아 보이는 이유를 서술하시오. [5점]

14 다음 기사를 읽고 물음에 답하시오.

[기사]

일본 후쿠시마 원전 폭발 사고 이후 원자력 발전이 아닌 신재생 에너지로 전기를 생산하려는 노력이 증가하고 있다. 자동차의 경우도 휘발유(가솔린)나 디젤(경유) 대신 친환경 연료를 쓰려는 움직임이 활발하다. 바이오 연료는 동물, 식물, 미생물 등의 생물체와 음식물 쓰레기, 폐자재, 폐기물을 열분해하거나 발효시켜 만든 연료이다. 이 중 옥수수나 사탕수수를 발효시켜 만든 연료로 휘발유를 대체하는 것을 바이오 에탄올, 콩이나 유채의 기름으로 만든 연료로 디젤을 대체하는 것을 바이오 디젤, 미생물을 이용하거나 배설물이 분해되면서 생기는 가스로 메테인 가스를 대체하는 것을 바이오 가스라고 한다. 바이오 연료는 고갈 위험이 없고 대량 생산이 가능하며, 이산화 탄소 배출량을 줄일 수 있는 친환경 연료이다.

(1) 바이오 연료를 사용할 경우 나타날 수 있는 문제점을 2가지 서술하시오. [3점]

❶

❷

(2) 바이오 연료를 사용할 때 발생하는 문제점을 해결할 수 있는 방법을 3가지 서술하시오. [7점]

❶

❷

❸

2회

영재성검사

창의적 문제해결력

영재성검사
창의적 문제해결력
모의고사

3회

초등학교   학년   반   번

성 명   지원 부문

- 시험 시간은 총 90분입니다.
- 문제가 1번부터 14번까지 있는지 확인하시오.
- 문제지에 학교, 학년, 반, 번, 성명, 지원 부문을 정확히 쓰시오.
- 문항에 따라 배점이 다릅니다. 각 물음의 끝에 표시된 배점을 참고하시오.
- 필기구 외에는 계산기 등을 일체 사용할 수 없습니다.

제한시간 : **90분**

01 붓은 물감을 묻혀 그림을 그리는 도구이다. 붓을 그림 그리는 용도 외에 다른 용도로 사용하는 방법을 5가지 서술하시오. [7점]

①

②

③

④

⑤

02 12층에 사는 민준이는 양손 가득 재활용 쓰레기를 들고 엘리베이터를 타려고 한다.
재활용 쓰레기를 내려놓지 않고 엘리베이터를 타는 방법을 10가지 서술하시오.

[7점]

❶

❷

❸

❹

❺

❻

❼

❽

❾

❿

영재성검사
창의적 문제해결력

03 우리 주변에서 2개의 원이 있는 것을 20가지 쓰시오. [7점]

①   ⑪

②   ⑫

③   ⑬

④   ⑭

⑤   ⑮

⑥   ⑯

⑦   ⑰

⑧   ⑱

⑨   ⑲

⑩   ⑳

04 서울에서 부산까지의 거리를 아는 방법을 5가지 서술하시오. [7점]

❶

❷

❸

❹

❺

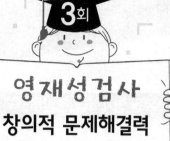

3회

영재성검사
창의적 문제해결력

05 예은이는 여러 개의 사과가 담긴 바구니에서 가장 큰 사과를 고르려고 한다. 가장
큰 사과를 고르는 방법을 5가지 서술하시오. [7점]

①

②

③

④

⑤

06 이웃하여 붙어 있는 4개의 숫자의 합이 모두 같아지도록 네 부분으로 나누시오.

[5점]

4	0	2	7
2	7	1	3
6	9	8	5
5	3	4	2

영재성검사
창의적 문제해결력

07 다음 기사를 읽고 물음에 답하시오.

> **[기사]**
>
> 식사를 하다가 어른들에게 '꼭꼭 씹어 먹어라.'라는 말을 들은 경험은 누구나 한 번쯤 있을 것이다. 음식을 꼭꼭 씹어 먹는 것은 칼로리 소비, 노화 방지 호르몬 분비, 근육 이완 등의 효과가 있다. 비만인 사람들의 대부분은 밥을 빨리 먹는 나쁜 식습관을 갖고 있다. 음식을 먹은 후 20~30분 뒤에 뇌에서 그만 먹으라는 신호를 보내기 시작하면 포만감이 느껴지기 때문에 음식을 빨리 먹으면 음식을 더 많이 섭취하게 된다. 따라서 음식을 꼭꼭 씹어 먹으면 나쁜 식습관을 고칠 수 있으며 소화도 더 잘 된다.

(1) 소화는 우리가 먹은 음식을 몸이 흡수할 수 있도록 작게 자르는 과정이다. 음식을 꼭꼭 씹어 먹으면 소화가 더 잘 되는 이유를 서술하시오. [3점]

(2) 실생활에서 **(1)**의 원리가 활용되는 경우를 5가지 서술하시오. [7점]

❶

❷

❸

❹

❺

08 예은이는 10 kg이 넘는 가방을 메고 학교에 다닌다. 가방을 조금 더 가볍게 가지고 다닐 방법을 5가지 서술하시오. [7점]

❶

❷

❸

❹

❺

09 수지는 조금의 가능성만 있어도 도전하는 요즘 사람들의 모습을 보고 다음 속담은 현재 상황과 맞지 않는 속담이라고 생각했다. 수지처럼 현재 상황과 맞지 않는다고 생각하는 속담을 5개 쓰고, 그 이유를 서술하시오. [7점]

> 오르지 못할 나무는 쳐다보지도 말아라.

①

②

③

④

⑤

영재성검사
창의적 문제해결력

10 겉으로 보이지 않는 물체의 내부를 알아보는 것은 쉬운 일이 아니다. 지구 내부를
알아보는 방법을 5가지 서술하시오. [7점]

❶

❷

❸

❹

❺

11 다음 글을 읽고 생활 속에서 빛의 양을 조절하여 활용하는 경우를 5가지 서술하시오.

[7점]

> 물체는 그 성질에 따라 빛을 통과시키는 정도가 다르다. 빛을 대부분 통과시키는 물체를 투명, 빛을 통과시키지 못하는 물체를 불투명, 빛을 조금만 통과시키는 물체를 반투명하다고 한다.

❶

❷

❸

❹

❺

영재성검사
창의적 문제해결력

12 체감 온도는 덥거나 춥다고 느끼는 정도를 나타낸 것으로, 느낌 온도라고도 한다.
체감 온도에 영향을 주는 요인을 10가지 서술하시오. [7점]

①

②

③

④

⑤

⑥

⑦

⑧

⑨

⑩

13 연탄 대신 도시가스(LNG, 메테인)를 연료로 사용하면 오염 물질이 더 적게 나온다. 그 이유를 서술하시오. [5점]

14 다음 기사를 읽고 물음에 답하시오.

[기사]

태양 전지는 태양의 빛에너지를 전기 에너지로 바꾸는 장치이다. 초기의 태양 전지는 기존의 전력망이 닿기 어려운 무인 등대나 두메산골 또는 우주에서 사용되었지만 현재는 항공, 기상, 통신 분야에까지 사용 범위가 확대되었다. 오늘날에는 기술 발달로 에너지 효율이 점차 높아지면서 우리 주변의 주택이나 건물의 지붕과 벽체에서도 종종 볼 수 있다. 주택에 설치하는 미니 태양광 전지는 한 달에 30 kW 정도의 전기를 생산할 수 있는데 이는 양문형 냉장고 1대를 돌릴 수 있는 전력이다. 미니 태양광 전지를 이용하면 매월 6천 원~1만 원 가량의 전기 요금을 절약할 수 있고, 전기 요금 누진세도 줄일 수 있다. 그러나 태양 전지를 잘못 설치할 경우 겨울철에는 전기 생산이 잘 안 되고 여름에는 태양 전지가 가열되어 집이 더 더워지는 문제가 생길 수 있다.

▲ 한국 경기도 포천　　　▲ 싱가포르 텐저　　　▲ 스웨덴 베스테로스

(1) 우리나라에서 태양 빛을 이용해 전기를 만들 때 태양 전지를 비스듬히 설치하는 이유를 서술하시오. [3점]

(2) 태양 전지의 효율을 높일 수 있는 방법을 5가지 서술하시오. [7점]

❶

❷

❸

❹

❺

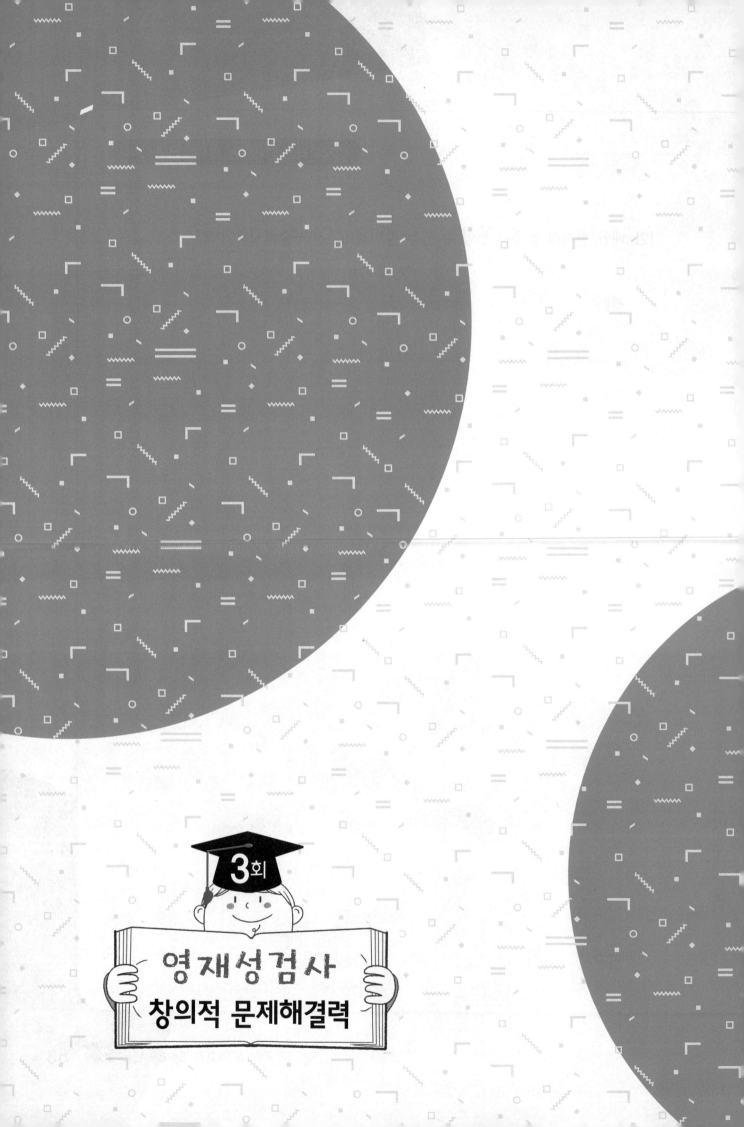

3회

영재성검사

창의적 문제해결력

영재성검사
창의적 문제해결력
모의고사

4회

초등학교 　　　　학년 　　　반 　　　번

성 명 　　　　　　　　　　　지원 부문

- 시험 시간은 총 90분입니다.
- 문제가 1번부터 14번까지 있는지 확인하시오.
- 문제지에 학교, 학년, 반, 번, 성명, 지원 부문을 정확히 쓰시오.
- 문항에 따라 배점이 다릅니다. 각 물음의 끝에 표시된 배점을 참고하시오.
- 필기구 외에는 계산기 등을 일체 사용할 수 없습니다.

제한시간 : 90분

영재성검사
창의적 문제해결력

01 다음 상황을 읽고, 점원이 지혜를 부른 이유를 10가지 서술하시오. [7점]

> 백화점에 간 지혜는 신발 코너에서 마음에 드는 운동화를 골랐다. 친구와의 약속 시간이 되어서 엘리베이터를 타려는 순간 멀리서 점원이 '저기, 잠깐만요.' 하며 달려왔다.

①

②

③

④

⑤

⑥

⑦

⑧

⑨

⑩

02 다음은 고속도로의 휴게소 안내 표지판이다. 표지판을 통해 알 수 있는 사실을 10가지 서술하시오. [7점]

❶

❷

❸

❹

❺

❻

❼

❽

❾

❿

영재성검사 창의적 문제해결력

03 다음 두 수의 공통점을 10가지 서술하시오. [7점]

> **19**　　　　　　**23**

①

②

③

④

⑤

⑥

⑦

⑧

⑨

⑩

04 다음과 같이 길이가 1 cm, 3 cm, 8 cm, 18 cm인 막대가 연결되어 있다. 막대가 연결된 부분이 회전할 수 있다고 할 때, 이 막대를 이용해 잴 수 있는 길이를 모두 구하시오. [7점]

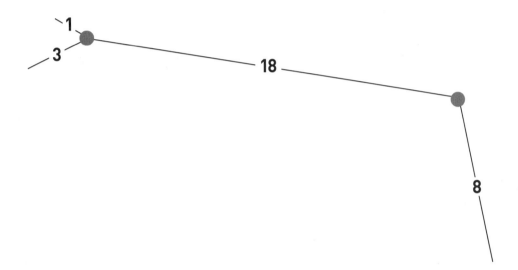

영재성검사
창의적 문제해결력

05 정육면체의 전개도를 모두 그리시오. [7점]

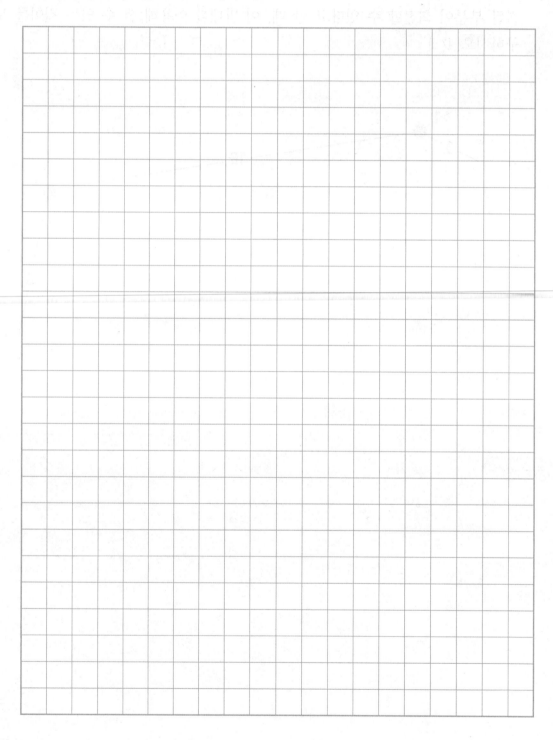

06 다음은 일정한 규칙으로 수를 써넣은 것이다. ▨ 에 들어갈 수를 구하고, 풀이 과정을 서술하시오. [5점]

12	9
4	▨

3	9
15	8

6	31
11	7

50	14
4	6

▨ 에 들어갈 수

풀이 과정

영재성검사
창의적 문제해결력

07 다음 기사를 읽고 물음에 답하시오.

[기사]

'원은 가장 신성한 형태이다. 신은 태양이나 달, 별 그리고 우주 전체를 구 모양으로 만들고 이 모든 것들이 원을 그리면서 지구 주변을 돌도록 했다.'

천동설을 주장한 고대 그리스 수학자 아리스토텔레스는 원과 구를 세상에서 가장 조화롭고 완벽한 도형으로 여겼다. 아리스토텔레스뿐만 아니라 당시 수학자들은 완벽한 도형인 원의 둘레나 원의 넓이를 구하는 것에 매우 관심이 많았다. 원의 둘레는 원의 둘레를 따라 끈을 둘러 구했으며, 원에 내접하는 정다각형과 외접하는 정다각형을 이용해 원의 둘레와 가까운 값을 찾기도 했다.

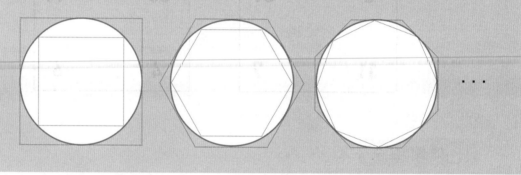

(1) 오늘날 우리는 '반지름×반지름×3.14'의 식으로 원의 넓이를 구한다. 이와 같은 식으로 원의 넓이를 구하는 이유를 서술하시오. [3점]

(2) 우리 주변에서 원을 활용한 물건을 10가지 찾고, 원을 활용한 이유를 각각 서술하시오. [7점]

❶

❷

❸

❹

❺

❻

❼

❽

❾

❿

영재성검사
창의적 문제해결력

08 정답이 '소금'인 문제를 10개 만드시오. [7점]

①

②

③

④

⑤

⑥

⑦

⑧

⑨

⑩

09 다음 세 단어의 공통점을 10가지 서술하시오. [7점]

> 의사   간호사   약사

①

②

③

④

⑤

⑥

⑦

⑧

⑨

⑩

10 최근 구글이 발표한 자료에 의하면 우리나라 인구의 10명 중 9명은 스마트폰을 사용하는 것으로 조사되었다. 이것은 아시아에서 최고 수준이며 세계적으로도 상위권에 드는 결과이다. 스마트폰은 앞으로 더 많은 사람이 사용하고, 더욱 발전할 것이다. 미래의 스마트폰 발전 모습을 5가지 서술하시오.

①

②

③

④

⑤

11 나침반이 없는 민준이가 무인도에서 북쪽을 찾을 수 있는 방법을 5가지 서술하시오.

[7점]

❶

❷

❸

❹

❺

영재성검사
창의적 문제해결력

12 혼합물이란 두 가지 이상의 물질이 서로 섞여 있는 것을 말한다. 바닷물에서 소금을 분리하는 것과 같이 혼합물을 분리하면 우리 생활에 필요한 여러 가지 물건을 만들 수 있다. 우리 생활 속에서 혼합물을 분리하여 활용하는 예를 5가지 서술하시오.

[7점]

❶

❷

❸

❹

❺

13 장미꽃은 향기가 진하며 크고 색이 화려하지만, 벼꽃은 작아서 잘 보이지 않으며 꽃잎이 없다. 두 식물의 꽃이 다른 이유를 두 꽃의 꽃가루받이가 일어나는 방법과 관련지어 서술하시오. [5점]

▲ 장미꽃

▲ 벼꽃

14 다음 기사를 읽고 물음에 답하시오.

[기사]

지구 온난화 현상은 전 세계 모든 국가에게 재앙으로 다가오고 있다. 그중에서도 섬으로 이루어진 투발루(Tuvalu)나 국토 대부분이 해수면보다 낮은 네덜란드와 같은 국가는 잠시도 긴장의 틈을 늦추지 못한다. 이미 전 세계 평균 해수면이 지난 100여 년간 20 cm 이상 상승했고, 최근 들어서는 그 상승 속도가 점점 빨라지고 있다. 2030년에는 20 cm, 2100년에는 65 cm 상승하여 섬나라나 저지대 국가들은 수십 년 안에 침수될 것으로 예상하고 있다. 이 같은 상황에서 네덜란드 해양연구소는 삼각형 모듈을 이용하여 바다 위에 부유하는 인공 섬(artificial floating island)을 띄우고 그 위에 사람이 거주하는 해양도시를 건설한다는 원대한 프로젝트를 추진 중이다.

▲ 플로팅 모듈

▲ 해양 도시 가상도

(1) 인공 섬 모델을 항공모함이나 크루즈처럼 하나의 거대한 틀 위에 제작하지 않고 삼각형 모양의 플로팅 모듈을 연결해서 만드는 이유를 서술하시오. [3점]

(2) 바다 위에 인공 섬을 띄워 해상 도시를 건설하려고 할 때 고려해야 할 점과 해결 방안을 각각 5가지 서술하시오. [7점]

❶

❷

❸

❹

❺

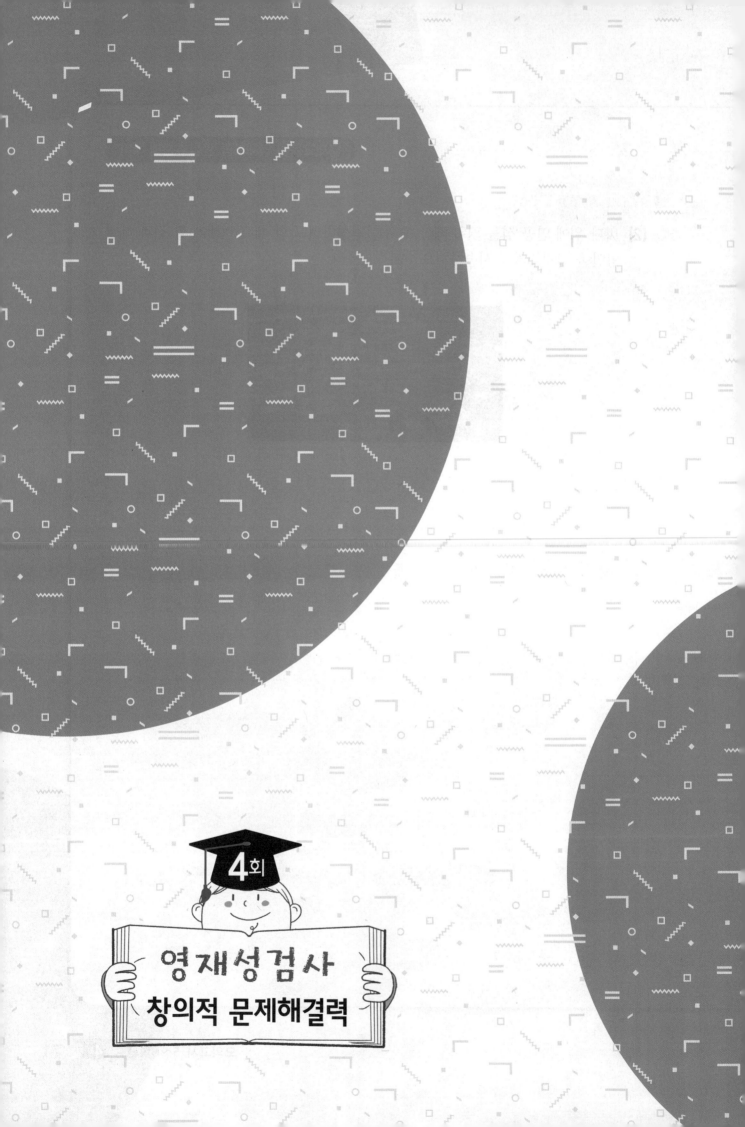

4회

영재성검사
창의적 문제해결력

영재성검사
창의적 문제해결력

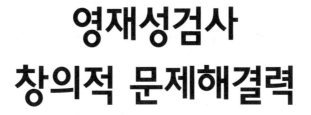

01 다음 그림의 다각형 (가)~(라)의 각 변의 길이는 2 cm로 같다. (가)는 정사각형, (나)는 정삼각형, (다)는 정육각형, (라)는 정삼각형 2개를 붙인 모양이다. 또, (마)는 긴 대각선의 길이는 (라)의 긴 대각선의 길이와 같고, 짧은 대각선의 길이는 (라)의 짧은 대각선의 길이의 $\frac{1}{2}$이다. 다음 물음에 답하시오.

(단, (정삼각형의 한변의 길이):(높이)=1:0.87이다.)

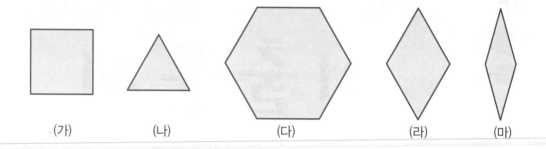

| .(가) | (나) | (다) | (라) | (마) |

(1) 5개 도형의 넓이를 각각 구하시오.

(2) (가)~(마) 중 2가지 이상의 도형을 사용하여 넓이의 합이 21.4 cm²인 도형의 넓이를 구하는 식을 10가지 세우시오.

02 다음 표에서 찾을 수 있는 규칙을 7가지 서술하시오.

									1
								1	1
							1	2	1
						1	3	3	1
					1	4	6	4	1
				1	5	10	10	5	1
			1	6	15	20	15	6	1
		1	7	21	35	35	21	7	1
	1	8	28	56	70	56	28	8	1
1	9	36	84	126	126	84	36	9	1

03 그림과 같이 놓여있는 정육면체 주사위를 여섯 번 굴려서 표시된 위치(☆)까지 옮기려고 한다. 표시된 위치(☆)에서 주사위 윗면에 적힌 눈의 수가 1이 되게 하려면 어떤 길로 가야하는지 가능한 경우를 알파벳으로 나타내시오. (단, 한 번 굴릴 때 한 칸만 이동할 수 있고, 색칠한 칸은 지나갈 수 없다.)

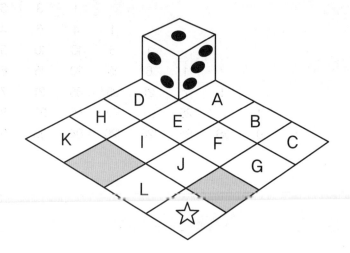

04 다음 간장과 된장을 만드는 과정이다. 물음에 답하시오.

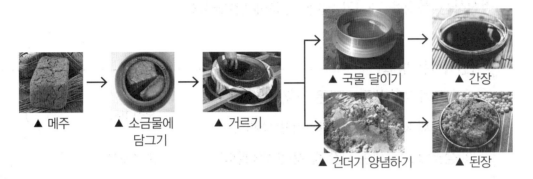

▲ 메주   ▲ 소금물에 담그기   ▲ 거르기   ▲ 국물 달이기   ▲ 간장   ▲ 건더기 양념하기   ▲ 된장

(1) 메주로 장을 담그기 위해서는 소금물이 필요하다. 표는 온도에 따른 물 100 g 에 용해되는 소금의 양(g)이다. 표의 자료를 꺾은선 그래프로 나타내시오.

온도 (℃)	물 100g에 용해되는 소금의 양(g)
0	35.7
10	35.7
20	35.8
30	36.1
40	36.4

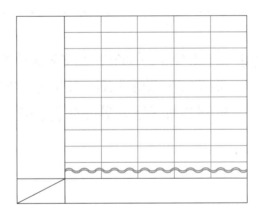

(2) 위 그림에서 메주와 소금물의 혼합물을 국물과 건더기로 분리하는 방법을 서술하시오.

(3) 위 그림의 국물에 스포이트로 만든 간이 비중계를 넣었더니 오른쪽 그림과 같이 수면 위로 눈금 6개가 드러났다. 같은 스포이트를 '달이기' 과정이 끝난 간장에 넣으면 수면 위로 드러난 눈금의 개수는 어떻게 되는지 이유와 함께 서술하시오.

05 어떤 실험실에서 새로운 생명체 X를 만들었다. 이 생명체는 다음과 같은 방법으로 번식하는 특징을 가지고 있다. 물음에 답하시오.

[번식하는 방법]

① 생명체 X의 생존 시간은 2시간 30분이다.

② 생명체 X는 1시간에 2마리씩 번식한다.

③ 생명체 X는 생존 시간 중 1번만 번식한다.

④ 시간을 제외한 다른 요인은 생명체 X의 번식에 영향을 주지 않는다.

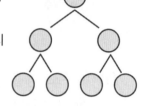

오전 11시

오전 12시

오후 1시

(1) 오전 9시에 1마리였던 생명체 X가 위와 같은 방법으로 번식할 때, 오후 3시에 새로 생겨난 생명체 X는 모두 몇 마리인지 구하시오. (단, 오후 3시 이전에 생겨난 생명체 X는 포함하지 않는다.)

(2) 오전 9시에 1마리였던 생명체 X가 위와 같은 방법으로 번식할 때, 오후 9시에 생존해 있는 생명체 X는 모두 몇 마리인지 구하시오.

06 〈그림 1〉과 같이 모든 방의 네 벽에는 출입구가 있고, 일부의 방에는 ╱ 또는 ╲ 모양의 가림판이 있다. 로봇은 1번 출입구를 통해 방으로 들어가고, 점선을 따라 [규칙]에 맞게 이동한다. 다음 물음에 답하시오.

> **[규칙]**
> ① 로봇은 가림판을 통과할 수 없다.
> ② 로봇은 가림판을 만났을 때만 좌회전 또는 우회전한다.
> ③ 로봇이 각 방의 출입구를 통과하는 순간마다 모든 방의 가림판은 동시에 모양이 바뀐다. ╱ 모양의 가림판은 ╲ 모양으로, ╲ 모양의 가림판은 ╱ 모양으로 바뀐다.
> ④ 〈그림 1〉과 같이 가림판이 있을 때, 로봇은 1번 출입구로 들어가서 9번 출입구로 나온다.

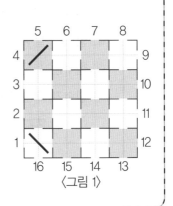

〈그림 1〉

(1) 〈그림 2〉와 같이 8개의 가림판이 있을 때 로봇이 나오는 출입구 번호를 찾으시오.

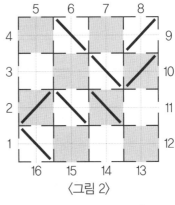

〈그림 2〉

(2) 〈그림 3〉과 같이 2개의 가림판이 있을 때, 4개의 가림판을 추가하여 로봇이 6개의 가림판을 적어도 한 번씩 모두 만난 후 7번 출입구로 나오도록 하려고 한다. 추가로 설치해야 하는 4개의 가림판을 〈그림 3〉에 그리시오. (단, 방 하나에 가림판을 2개 이상 설치할 수 없다.)

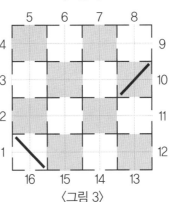

〈그림 3〉

07 철수가 고른 숫자를 영희가 맞히는 게임을 다음 순서에 따라 진행하려고 한다. 표와 같이 게임이 진행되었을 때, 순서에 상관없이 철수가 고른 숫자를 찾고 그 과정을 설명하시오.

┌─ [게임 순서] ─────────────────────────────────

① 철수는 0에서 9까지의 10개의 숫자 중 서로 다른 4개의 숫자를 고른다.

② 영희는 철수가 고른 숫자 4개를 추측하여 말한다.

③ 철수는 자신이 고른 숫자 중 영희가 맞힌 숫자의 개수를 알려준다. (총 5회 반복)

④ 철수가 고른 4개의 숫자를 영희가 맞힌다.

횟수(회)	영희가 말한 숫자	영희가 맞힌 개수
1	1, 2, 3, 4	2
2	5, 6, 7, 8	1
3	1, 2, 4, 8	1
4	1, 2, 5, 6	1
5	0, 1, 5, 7	0

08 4부터 40까지의 자연수 중 서로 다른 네 수를 골라 한 번씩만 사용하여 다음 식이 성립하도록 만들려고 한다. A에 들어갈 수가 가장 작을 때와 두 번째로 작을 때의 식을 각각 구하시오.

$$\boxed{\text{A}} \div \boxed{} = \boxed{} \cdots \boxed{}$$

09 생태계 평형을 이루고 있는 무인도에 생물 A~D가 산다. 생물 A~D의 생김새와 특징은 다음과 같다. 물음에 답하시오. (단, 무인도에 다른 생물은 살지 않으며, A~D는 각각 토끼, 토끼풀, 늑대, 대장균 중 하나이다.)

핵이 없음	핵이 있음		
	세포벽이 있음	세포벽이 없음	
		천적이 있음	천적이 없음
A	B	C	D

A : 몸이 막대 모양임
B : 증산 작용을 함
C : 운동 기관이 있음
D : 송곳니가 발달함

(1) B, C, D에 해당하는 생물이 무엇인지 쓰시오.

(2) C의 수가 갑자기 감소했을 때, 깨진 생태계 평형이 다시 회복하는 과정을 B~D를 이용하여 설명하시오. (단, C는 멸종하지 않았다.)

(3) 다음은 A가 살기에 알맞은 조건이 무엇인지 알아보기 위해 설계한 실험이다. 실험 과정에서 다르게 해야 할 조건을 고려하여 과정 ⑤를 서술하시오.

[실험]

〈가설〉 A의 수는 차가운 곳보다 따뜻한 곳에서 더 빠르게 증가할 것이다.

〈실험 과정〉
① 모양과 크기가 같고 뚜껑이 있는 접시 5개를 준비한다.
② A가 생존하는 데 필요한 물질이 모두 포함된 고체 상태의 영양분을 준비한다.
③ 영양분을 각 접시에 같은 양씩 나누어 담는다.
④ 각 접시에 담은 영양분 위에 A가 담긴 액체를 골고루 바르고 뚜껑을 닫는다.
⑤ _____
⑥ 18시간 후, A가 영양분을 덮은 면적을 비교한다.

10 다음은 어떤 새의 깃털을 그림과 같이 바닥과 45° 기울기로 비스듬하게 잡고 물과 기름을 각각 1방울씩 떨어뜨린 결과이다.

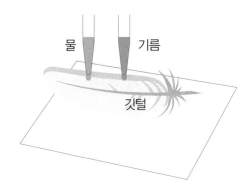

물질	결과
물	깃털 표면을 타고 아래로 흘러 내린다.
기름	깃털 표면에 넓게 퍼진다.

이 깃털을 가지고 있는 새가 물속으로 잠수하여 먹이를 잡을 때 깃털의 역할을 서술하시오.

11 다음 그래프는 대기 중 이산화 탄소의 농도를 나타낸 것이다.

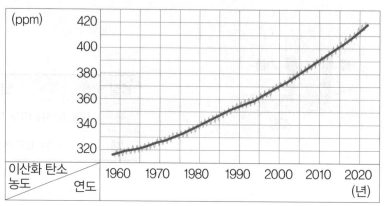

〈년도 별 대기 중의 이산화 탄소의 농도〉

(1) 바다 달팽이는 극지방 근처의 찬 바다에 살고 있는 길이 1 cm 정도의 작은 동물이며, 껍질의 주성분은 탄산 칼슘이다. 최근 바다 달팽이의 껍질이 얇아지고 갈라지는 이유를 서술하시오.

▲ 바다 달팽이

▲ 정상 껍질

▲ 손상된 껍질

(2) 대기 중 이산화 탄소의 양을 줄일 수 있는 방법을 2가지 서술하시오.

12 국내의 한 기업은 '빼는 것이 플러스다.'라는 슬로건을 내세워 가격에 거품은 빼고, 가성비는 더한다는 전략으로 가격이 저렴하면서도 품질이 좋은 제품을 판매하여 소비자들로부터 큰 인기를 끌었다. '~빼면 ~ 플러스(+)다.'라는 문구를 넣어 사람들에게 긍정적인 영향을 주는 문장을 5가지 서술하시오.

[예시]

가격에 거품을 빼면 판매량이 플러스다.

13 자이언트 세쿼이아 나무에 관한 글을 읽고, 물음에 답하시오.

> 자이언트 세쿼이아 나무가 7일간 계속되는 산불도 견딜 수 있는 이유는 1 m 두께까지 자라는 나무껍질 때문이다. 그렇다고 껍질이 단단하지는 않으며, 오히려 푹신푹신하다. 자이언트 세쿼이아 나무는 이 푹신푹신한 나무껍질에 수분을 머금고 있다. 자이언트 세쿼이아 나무가 불이 나길 기다리고, 불에서도 잘 견디는 이유는 살아남아 씨앗을 퍼트려야 하기 때문이다. 자이언트 세쿼이아 나무는 솔방울의 온도가 200 ℃ 이상이 되면 씨앗을 내놓는다.

(1) 자이언트 세쿼이아 나무가 산불이 났을 때 씨앗을 퍼트리는 이유를 서술하시오.

(2) 자이언트 세쿼이아 나무의 나무껍질이 불에 잘 견디는 이유를 연소의 조건을 이용하여 서술하시오.

(3) 솔방울의 온도가 200 ℃ 이상이 되면 씨앗이 나오는 이유를 서술하시오.

14 코로나 병실에 관한 글을 읽고, 물음에 답하시오.

> 세계를 강타했던 코로나19는 코로나바이러스 변종으로 비말에 의해 감염된다. 초기 코로나19 환자를 치료할 때는 음압실과 양압실을 사용했다. 음압실은 다른 곳보다 기압을 낮춰 내부 공기가 다른 곳으로 나가지 못하게 하고, 양압실은 다른 곳보다 기압을 높여 외부의 오염된 공기가 내부로 들어오지 못하게 한다.

(1) 다음 구조에서 전실, 채취실, 검사실, 의료인 대기실을 각각 음압실과 양압실로 구분하시오.

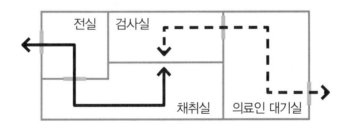

(2) 다음은 비행기 내부 구조이다. 비행기 내부에서 바이러스 감염 전파율이 낮은 이유를 서술하시오.

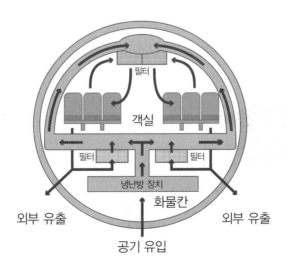

기출

영재성검사
창의적 문제해결력

영재교육의 모든 것!
시대에듀가 상위 1%의 학생이 되는
기적을 이루어 드립니다.

안쌤 **안재범**

수달쌤 **이상호**

수박쌤 **박기훈**

영재교육 프로그램

프로그램 **1** 창의사고력 대비반

프로그램 **2** 영재성검사 모의고사반

프로그램 **3** 면접 대비반

프로그램 **4** 과고·영재고 합격완성반

수강생을 위한 프리미엄 학습 지원 혜택

 영재맞춤형 **최신 강의 제공**

 영재로 가는 필독서 **최신 교재 제공**

 핵심만 담은 **최적의 커리큘럼**

 PC + 모바일 **무제한 반복 수강**

 스트리밍 & 다운로드 **모바일 강의 제공**

 쉽고 빠른 피드백 **카카오톡 실시간 상담**

시대에듀 **안쌤 영재교육연구소** | www.sdedu.co.kr

시대에듀가 준비한
특별한 학생을 위한
최상의 학습
시리즈

① **안쌤의 사고력 수학 퍼즐 시리즈**
- 14가지 교구를 활용한 퍼즐 형태의 신개념 학습서
- 집중력, 두뇌 회전력, 수학 사고력 동시 향상

② **안쌤의 STEAM + 창의사고력**
수학 100제, 과학 100제 시리즈
- 영재교육원 기출문제
- 창의사고력 실력다지기 100제
- 초등 1~6학년

⑧ **안쌤과 함께하는**
영재교육원 면접 특강
- 영재교육원 면접의 이해와 전략
- 각 분야별 면접 문항
- 영재교육 전문가들의 연습문제

⑦ **스스로 평가하고 준비하는! 대학부설·교육청**
영재교육원 봉투모의고사 시리즈
- 영재교육원 집중 대비·실전 모의고사 3회분
- 면접 가이드 수록
- 초등 3~6학년, 중등

2025 교육청 · 대학부설 영재교육원 완벽 대비

영재성검사 창의적 문제해결력 모의고사

문제해결력 모의고사

초등
5~6
학년

정답 및 해설

시대에듀

이 책의 차례

영재성검사
창의적 문제해결력
모의고사

평가 가이드

1 문항 구성 및 채점표

2 문항별 채점 기준

평가 가이드
문항 구성 및 채점표

평가 영역 / 문항	창의성		사고력		융합 사고력	
	유창성, 융통성	독창성	수학 사고력	과학 사고력	문제 파악 능력	문제 해결 능력
01	점	점				
02	점	점				
03	점					
04	점					
05	점					
06			점			
07					점	점
08	점	점				
09	점					
10	점					
11	점					
12	점					
13				점		
14					점	점

평가 영역별 점수	유창성, 융통성	독창성	수학 사고력	과학 사고력	문제 파악 능력	문제 해결 능력
	창의성		사고력		융합 사고력	
	/ 70점		/ 10점		/ 20점	
			총점			

● 평가 결과에 따른 학습 방향

창의성	
50점 이상	보다 독창성 있는 아이디어를 내는 연습을 하세요.
35~49점	다양한 관점의 아이디어를 더 내는 연습을 하세요.
35점 미만	적절한 아이디어를 더 내는 연습을 하세요.

사고력	
6점 이상	교과 개념과 연관된 응용문제로 문제 적응력을 기르세요.
6점 미만	틀린 문항과 관련된 교과 개념을 다시 공부하세요.

융합 사고력	
15점 이상	답안을 보다 구체적으로 작성하는 연습을 하세요.
10~14점	문제 해결 방안의 아이디어를 다양하게 내는 연습을 하세요.
10점 미만	실생활과 관련된 기사로 수학·과학적 사고를 확장하는 연습을 하세요.

01 창의성

평가 영역	일반 창의성
사고 영역	유창성, 융통성, 독창성

예시답안

① 엄마를 만났다.

② 놀이터에 도착했다.

③ 장난감을 사 오시는 아빠를 발견했다.

④ 인형 탈을 쓴 사람을 만났다.

⑤ 아이가 좋아하는 풍선을 발견했다.

⑥ 모여 있는 비둘기를 발견했다.

⑦ 좋아하는 음식을 발견했다.

⑧ 까꿍 놀이를 했다.

⑨ 분수의 물줄기가 갑자기 나왔다.

⑩ 좋아하는 노래가 나왔다.

⑪ 아빠와 엄마가 큰 소리로 웃었다.

⑫ 엄마가 아이에게 간지럼을 태웠다.

⑬ 좋아하는 친구가 놀이터에 나왔다.

⑭ 아빠가 뽀로로를 틀어주셨다.

⑮ 엄마가 솜사탕을 먹자고 말씀하셨다.

채점 기준　총체적 채점

유창성, 융통성(5점) : 적절한 아이디어의 수와 범주

* 웃고 있는 아이에게 일어날 수 있는 일로 적절한 것만 아이디어로 평가한다.
* 같은 아이디어가 반복되는 경우 1개의 아이디어로 평가한다.
* 적절한 아이디어라고 여겨지는 것의 수를 세어 다음 기준에 따라 점수를 부여한다.

아이디어의 수	점수
1~3개	1점
4~5개	2점
6~7개	3점
8~9개	4점
10개	5점

독창성(2점) : 아이디어가 얼마나 독특하고 창의적인가?

* 유창성, 융통성 점수를 받은 아이디어에 한해서 독창성 채점을 한다.
* 학생들의 답안을 토대로 흔한 아이디어 목록을 구성하고, 그에 포함되지 않는 아이디어의 수를 세어 다음 기준에 따라 점수를 부여한다.

아이디어의 수	점수
1개	1점
2개 이상	2점

02 창의성

평가 영역	일반 창의성
사고 영역	유창성, 융통성, 독창성

예시답안

① 낙타가 통과할 수 있는 큰 바늘을 만들어서 낙타를 통과시킨다.

② 죽은 낙타를 가루로 만든 다음 바늘구멍 사이로 통과시킨다.

③ 바늘구멍보다 작은 낙타를 만들어 통과시킨다.

④ 바늘구멍이라는 이름의 문을 만들어서 낙타를 통과시킨다.

⑤ 낙타는 빛에서 멀리, 바늘은 빛에 가까이 놓고 낙타 그림자를 통과시킨다.

⑥ 낙타 사진을 찍은 다음 사진을 가늘게 잘라 바늘구멍 사이로 통과시킨다.

⑦ 낙타라고 이름 붙인 실을 바늘구멍 사이로 통과시킨다.

⑧ 터널의 이름을 바늘로 짓고 낙타를 데리고 터널을 통과한다.

⑨ 낙타라고 이름 붙인 레이저 포인터의 빛을 쏴서 바늘구멍 사이로 통과시킨다.

⑩ 낙타라는 이름을 가진 개미를 바늘구멍 사이로 통과시킨다.

⑪ 낙타 세포, 낙타 DNA, 낙타 털 등을 바늘구멍 사이로 통과시킨다.

⑫ 바늘구멍 사진기로 낙타를 바늘구멍으로 통과시켜 스크린에 낙타의 상이 맺히게 한다.

채점 기준　총체적 채점

유창성, 융통성(5점) : 적절한 아이디어의 수와 범주

* 낙타가 바늘구멍을 통과할 수 있는 경우로 적절한 것만 아이디어로 평가한다.
* 같은 아이디어가 반복되는 경우 1개의 아이디어로 평가한다.
* 적절한 아이디어라고 여겨지는 것의 수를 세어 다음 기준에 따라 점수를 부여한다.

아이디어의 수	점수
1~3개	1점
4~5개	2점
6~7개	3점
8~9개	4점
10개	5점

독창성(2점) : 아이디어가 얼마나 독특하고 창의적인가?

* 유창성, 융통성 점수를 받은 아이디어에 한해서 독창성 채점을 한다.
* 학생들의 답안을 토대로 흔한 아이디어 목록을 구성하고, 그에 포함되지 않는 아이디어의 수를 세어 다음 기준에 따라 점수를 부여한다.

아이디어의 수	점수
1개	1점
2개 이상	2점

03 창의성

평가 영역	수학 창의성
사고 영역	유창성, 융통성

예시답안

① 창문이나 책장에서 사각형을 찾을 수 있다.

② 전등이나 벽의 장식에서 원을 찾을 수 있다.

③ 2개의 책장은 책장 사이를 기준으로 접었을 때 포개지는 대칭이다.

④ 벽지는 일정한 모양이 반복된다.

⑤ 사각형 모양이 창문을 빈틈없이 덮고 있다. → 테셀레이션

⑥ 벽 장식과 전등 모양은 회전체이다.

⑦ 책상 다리와 침대 다리는 바닥과 수직이다.

⑧ 침대 다리와 책상 다리는 서로 평행하다.

⑨ 침대 옆의 조명에서 원뿔대를 찾을 수 있다.

⑩ 침대 기둥 끝부분에서 구 모양을 찾을 수 있다.

⑪ 침대 옆에 있는 조명의 단면 중 사다리꼴이 있다.

⑫ 침대는 좌우 대칭이다.

채점 기준   총체적 채점

유창성, 융통성(7점) : 적절한 아이디어의 수와 범주

* 그림에서 찾을 수 있는 수학적 원리로 적절한 것만 아이디어로 평가한다.

* 같은 아이디어가 반복되는 경우 1개의 아이디어로 평가한다.

* 적절한 아이디어라고 여겨지는 것의 수를 세어 다음 기준에 따라 점수를 부여한다.

아이디어의 수	점수		
1~2개	1점	7개	4점
3~4개	2점	8개	5점
5~6개	3점	9개	6점
		10개	7점

04 창의성

평가 영역	수학 창의성
사고 영역	유창성, 융통성

예시답안

① 백설 공주 동화에 나오는 난쟁이는 몇 명인가?

② 산성, 중성, 염기성 중 중성의 pH는 몇인가?

③ 주사위에서 마주 보는 면의 눈의 합은 얼마인가?

④ 알파벳 G는 앞에서 몇 번째 순서인가?

⑤ 보통 사람 얼굴에는 몇 개의 구멍이 있는가?

⑥ 북두칠성을 이루는 별은 몇 개인가?

⑦ 한 음계는 몇 개의 음으로 이루어져 있는가?

⑧ 칠교놀이는 몇 개의 조각으로 여러 가지 형태를 만드는 놀이인가?

⑨ 무지개는 몇 가지 색으로 이루어져 있는가?

⑩ 태양계에서 천왕성은 태양으로부터 몇 번째로 가까운 행성인가?

⑪ 핸드볼 경기에서 한 팀은 몇 명으로 구성되어 있는가?

⑫ 칠순은 십 년이 몇 번 지나야 찾아오는가?

⑬ 견우와 직녀가 1년에 한 번 오작교에서 만나는 달은 몇 월인가?

채점 기준 총체적 채점

유창성, 융통성(7점) : 적절한 아이디어의 수와 범주

* 답이 7이 아니거나 정확하지 않은 것은 아이디어로 평가하지 않는다.

* 같은 아이디어가 반복되는 경우 1개의 아이디어로 평가한다.

* 적절한 아이디어라고 여겨지는 것의 수를 세어 다음 기준에 따라 점수를 부여한다.

아이디어의 수	점수	7개	4점
1~2개	1점	8개	5점
3~4개	2점	9개	6점
5~6개	3점	10개	7점

05 창의성

평가 영역	수학 창의성
사고 영역	유창성, 융통성

예시답안

① 모든 줄의 양 끝의 수는 1이다.

② 윗줄의 이웃한 두 수의 합이 다음 줄에서 두 수의 가운데에 위치한 수이다.

③ 가운데를 기준으로 좌우로 접으면 같은 수가 만난다. (가운데를 기준으로 좌우 대칭이다.)

④ 각 줄에 나열된 수들의 합이 1, 2, 4, 8, 16, …으로 2배씩 커진다.

⑤ 한 줄씩 늘어날 때 각 줄에 나열된 수의 개수가 1개씩 늘어난다.

⑥ 다음과 같이 색칠된 수들의 합을 다음 줄에서 찾을 수 있다.

```
              1
            1   1
          1   2   1
        1   3   3   1
      1   4   6   4   1
    1   5  10  10   5   1
  1   6  15  20  15   6   1
```

$1+3=4$

$1+2+3+4=10$

채점 기준   총체적 채점

유창성, 융통성(7점) : 적절한 아이디어의 수와 범주

* 나열된 숫자에서 찾을 수 있는 규칙으로 적절한 것만 아이디어로 평가한다.

* 같은 아이디어가 반복되는 경우 1개의 아이디어로 평가한다.

* 적절한 아이디어라고 여겨지는 것의 수를 세어 다음 기준에 따라 점수를 부여한다.

아이디어의 수	점수		3개	3점
1개	1점		4개	5점
2개	2점		5개	7점

06 사고력

평가 영역	사고력
사고 영역	수학 사고력

모범답안

9	5	3	2	6	7	1	4	8
6	7	1	5	8	4	9	3	2
2	4	8	9	1	3	7	5	6
7	1	4	6	9	2	5	8	3
5	2	9	7	3	8	4	6	1
3	8	6	4	5	1	2	9	7
4	6	7	3	2	5	8	1	9
1	9	5	8	7	6	3	2	4
8	3	2	1	4	9	6	7	5

해설

사각형의 가장 바깥쪽 테두리의 빈칸에 들어갈 수를 찾은 후 주어진 규칙에 맞게 빈칸을 채운다.

채점 기준 요소별 채점

수학 사고력(5점)

채점 기준	점수
빈칸을 모두 정확히 채운 경우	5점

⑦ 융합 사고력

평가 영역	융합 사고력-수학
사고 영역	문제 파악 능력, 문제 해결 능력

모범답안

(1)

[1시간 24분을 소수로 나타낸 수] 1.4시간

[풀이 과정]

1시간은 60분이므로 24분은 $\dfrac{24}{60}=\dfrac{4}{10}$ 시간, 즉 0.4시간이다.

따라서 1시간 24분은 1+0.4=1.4(시간)이다.

채점 기준   요소별 채점

문제 파악 능력(3점)

채점 기준	점수
답을 정확히 구한 경우	1점
풀이 과정을 바르게 서술한 경우	2점

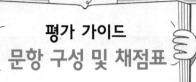

(2)

① 공기를 정화하는 나무를 많이 심어 사막화를 막는다.

② 전기 에너지를 아낄 수 있는 가전제품을 만들어 사용한다.

③ 화석 연료를 대신할 수 있는 새로운 에너지를 개발한다.

④ 화력 발전을 줄이고 태양광, 풍력과 같은 재생 에너지를 활용한다.

⑤ 개인용 자동차의 사용을 줄이고 대중교통을 이용한다.

⑥ 미세먼지를 제거할 수 있는 큰 공기 정화 장치를 곳곳에 설치한다.

⑦ 창문에 필터 역할을 하는 막을 달아 실내로 들어오는 미세먼지를 막는다.

⑧ 쉽게 사용할 수 있고 답답하지 않은 마스크를 만들어 사용한다.

⑨ 인공 강우로 공기 중의 미세먼지를 제거한다.

⑩ 공사장과 같이 먼지가 많이 생기는 곳에 막을 설치하여 미세먼지가 다른 곳으로 날아가지 못하도록 한다.

⑪ 공장이나 자동차의 배기를 걸러주는 장치를 의무적으로 설치하도록 한다.

⑫ 코로 들어오는 미세먼지를 차단할 수 있는 코 마스크를 만들어 사용한다.

총체적 채점

문제 해결 능력(7점)

* 미세먼지가 발생하는 원인을 해결하거나 피해를 줄이는 방법 모두 아이디어로 평가한다.

* 실현 가능한 방법만 아이디어로 평가한다.

* 같은 아이디어가 반복되는 경우 1개의 아이디어로 평가한다.

* 적절한 아이디어라고 여겨지는 것의 수를 세어 다음 기준에 따라 점수를 부여한다.

아이디어의 수	점수		7개	4점
1~2개	1점		8개	5점
3~4개	2점		9개	6점
5~6개	3점		10개	7점

08 창의성

평가 영역	일반 창의성
사고 영역	유창성, 융통성, 독창성

예시답안

① 깨끗하게 해준다.

② 무엇(얼룩이나 연필)을 지울 때 사용한다.

③ 손으로 들고 사용한다.

④ 사람이 만든 것이다.

⑤ 대체로 가격이 저렴하다.

⑥ 사용할수록 더러워진다.

⑦ 사용할수록 작아진다.

⑧ 마찰을 일으켜 사용한다.

⑨ 작아지면 사용하기 힘들다.

⑩ 학교와 집에서 모두 사용한다.

⑪ 입체도형이고, 모양이 다양하다.

⑫ 잘라서 사용할 수 있다.

⑬ 향이 들어가면 가격이 비싸진다.

⑭ 모음 'ㅣ'와 'ㅜ'가 들어간다.

해설

'내가 좋아하는 것'처럼 주관적인 것은 답안으로 적절하지 않다.

채점 기준 | 총체적 채점

유창성, 융통성(5점) : 적절한 아이디어의 수와 범주

* 비누와 지우개의 공통점을 1개의 아이디어로 평가한다.
* 같은 아이디어가 반복되는 경우 1개의 아이디어로 평가한다.
* 적절한 아이디어라고 여겨지는 것의 수를 세어 다음 기준에 따라 점수를 부여한다.

아이디어의 수	점수
1~3개	1점
4~5개	2점
6~7개	3점
8~9개	4점
10개	5점

독창성(2점) : 아이디어가 얼마나 독특하고 창의적인가?

* 유창성, 융통성 점수를 받은 아이디어에 한해서 독창성 채점을 한다.
* 학생들의 답안을 토대로 흔한 아이디어 목록을 구성하고, 그에 포함되지 않는 아이디어의 수를 세어 다음 기준에 따라 점수를 부여한다.

아이디어의 수	점수
1개	1점
2개 이상	2점

09 창의성

평가 영역	일반 창의성
사고 영역	유창성, 융통성

예시답안

① 비가 조금만 내려도 홍수가 날 것이다.

② 빗방울에 맞아서 다치는 경우가 생길 것이다.

③ 더 튼튼한 우산이 개발될 것이다.

④ 비가 오면 사람들이 지하나 가림막이 있는 곳으로만 다닐 것이다.

⑤ 비 오는 소리가 커서 잠을 잘 수 없을 것이다.

⑥ 과일이나 채소를 키우기 위해서 튼튼한 온실이 필요할 것이다.

⑦ 비가 내리면 비행기나 자동차가 다니지 못할 것이다.

⑧ 비가 오면 위험해서 학교에 갈 수 없을 것이다.

⑨ 비바람에 부서지지 않도록 건물이나 창문을 더 튼튼하게 만들 것이다.

⑩ 비가 조금만 내려도 큰 물웅덩이가 생길 것이다.

⑪ 비가 오면 운동장 곳곳이 움푹 파일 것이다.

⑫ 지구의 증발량이 정해져 있으므로 비가 일부 지역에만 내리게 될 것이다.

⑬ 산사태가 자주 일어날 것이다.

채점 기준   총체적 채점

유창성, 융통성(7점) : 적절한 아이디어의 수와 범주

* 빗방울의 크기가 주먹만큼 커질 경우 일어날 수 있는 일로 적절한 것만 아이디어로 평가한다.
* 같은 아이디어가 반복되는 경우 1개의 아이디어로 평가한다.
* 적절한 아이디어라고 여겨지는 것의 수를 세어 다음 기준에 따라 점수를 부여한다.

아이디어의 수	점수		
1~2개	1점	7개	4점
3~4개	2점	8개	5점
5~6개	3점	9개	6점
		10개	7점

⑩ 창의성

평가 영역	과학 창의성
사고 영역	유창성, 융통성

예시답안

① 무공해 연료를 사용하게 되면 환경 오염이 줄어들 것이다.

② 화석 연료의 가격이 내려갈 것이다.

③ 폐식물기름을 처리할 때 돈을 내지 않고 팔 수 있으므로 수익이 생길 것이다.

④ 식물성 기름을 생산하는 데 필요한 콩, 유채 등의 가격이 오를 것이다.

⑤ 농경지를 식량 대신 연료의 재료를 생산하는 데 사용해 식량이 부족해질 것이다.

⑥ 농업이 중요한 산업으로 주목받을 것이다.

⑦ 화석 연료를 수출하여 돈을 벌던 나라들이 새로운 수출 자원을 개발할 것이다.

⑧ 농사를 짓는 사람이 늘어날 것이다.

⑨ 바이오 디젤을 연구하는 사람이 많아질 것이다.

⑩ 바이오 디젤을 이용한 자동차뿐만 아니라 비행기, 배 등이 개발될 것이다.

채점 기준 　총체적 채점

유창성, 융통성(7점) : 적절한 아이디어의 수와 범주

* 바이오 디젤이 인간 생활에 미칠 수 있는 영향으로 적절한 것만 아이디어로 평가한다.

* 같은 아이디어가 반복되는 경우 1개의 아이디어로 평가한다.

* 적절한 아이디어라고 여겨지는 것의 수를 세어 다음 기준에 따라 점수를 부여한다.

아이디어의 수	점수	3개	3점
1개	1점	4개	5점
2개	2점	5개	7점

⑪ 창의성

평가 영역	과학 창의성
사고 영역	유창성, 융통성

예시답안

① 차가운 음료수를 실온에 두면 음료수컵 표면에 물방울이 맺힌다.

② 물을 끓이면 하얗게 김이 올라온다.

③ 새벽에 안개가 생긴다.

④ 새벽에 거미줄에 물방울이 맺힌다.

⑤ 새벽에 풀잎에 이슬이 맺힌다.

⑥ 유리창에 입김을 불면 하얗게 김이 서린다.

⑦ 구름이 생긴다.

⑧ 뜨거운 물이 담긴 그릇 뚜껑에 물방울이 맺힌다.

⑨ 안경 쓴 사람이 추운 곳에 있다가 따뜻한 곳으로 들어가면 안경에 김이 서린다.

⑩ 목욕탕의 차가운 물이 나오는 수도관에 물방울이 맺힌다.

⑪ 차가운 욕실에서 더운물로 샤워를 하면 거울에 김이 서린다.

⑫ 안경을 쓰고 뜨거운 라면을 먹을 때 안경에 김이 서린다.

⑬ 겨울철 버스 창문 안쪽에 김이 서린다.

⑭ 비오는 날 자동차 창문 안쪽에 김이 서린다.

해설

공기 중의 수증기가 차가운 물체 표면에 닿아 물방울로 바뀌는 현상을 응결이라고 한다.

채점 기준   총체적 채점

유창성, 융통성(7점) : 적절한 아이디어의 수와 범주

* 응결로 인한 현상만 아이디어로 평가한다.

* 같은 아이디어가 반복되는 경우 1개의 아이디어로 평가한다.

* 적절한 아이디어라고 여겨지는 것의 수를 세어 다음 기준에 따라 점수를 부여한다.

아이디어의 수	점수		7개	4점
1~2개	1점		8개	5점
3~4개	2점		9개	6점
5~6개	3점		10개	7점

⑫ 창의성

평가 영역	과학 창의성
사고 영역	유창성, 융통성

예시답안

① 자동차의 무게를 가볍게 만든다.

② 필요 없는 물건을 싣고 다니지 않는다.

③ 적은 연료로 멀리 갈 수 있는 엔진을 개발한다.

④ 내리막을 내려갈 때는 연료가 사용되지 않는 기술을 만든다.

⑤ 정기적으로 자동차 점검을 받는다.

⑥ 공기 저항을 적게 받는 모양으로 자동차를 만든다.

⑦ 자동차 천장에 태양 전지를 설치하여 낮에는 태양 전지로 만든 전기로 움직이게 한다.

⑧ 자동차가 움직이지 않을 때는 시동이 꺼지도록 만든다.

⑨ 갑자기 출발하거나 급정거하지 않는다.

⑩ 일정한 속도를 유지하면서 달린다.

⑪ 타이어의 공기압을 적정하게 유지한다.

⑫ 바퀴에 발전기를 설치하여 내리막을 내려갈 때 전기를 생산한다.-하이브리드

채점 기준 총체적 채점

유창성, 융통성(7점) : 적절한 아이디어의 수와 범주

* 자동차의 연비를 높일 수 있는 방법으로 적절한 것만 아이디어로 평가한다.

* 같은 아이디어가 반복되는 경우 1개의 아이디어로 평가한다.

* 적절한 아이디어라고 여겨지는 것의 수를 세어 다음 기준에 따라 점수를 부여한다.

아이디어의 수	점수	7개	4점
1~2개	1점	8개	5점
3~4개	2점	9개	6점
5~6개	3점	10개	7점

⓭ 사고력

평가 영역	사고력
사고 영역	과학 사고력

모범답안

전류가 흐르면 다리미 속 바이메탈의 온도가 높아져 팽창되고 휘어지면 열린 회로가 되어 전류가 흐르지 않는다. 온도가 낮아지면 바이메탈이 원래의 모양으로 되돌아가므로 다시 닫힌 회로가 되어 전류가 흐른다.

해설

바이메탈(자동 온도 조절 장치)은 열팽창률이 서로 다른 두 개의 금속을 붙여 만든 것이다. 전류가 흘러 가열되면 열팽창률이 작은 금속판 쪽으로 휘어져 열린 회로가 되어 전류가 흐르지 않고, 온도가 낮아지면 원래 모양으로 되돌아가므로 닫힌 회로가 되어 전류가 흐른다. 바이메탈은 토스터기, 전기장판, 보일러 등의 온도 조절 장치로 이용한다.

▲ 온도가 낮을 때 : 전류가 흐른다.   ▲ 온도가 높을 때 : 전류가 흐르지 않는다.

채점 기준 요소별 채점

과학 사고력(5점)

채점 기준	점수
원리를 바르게 서술한 경우	5점

⑭ 융합 사고력

평가 영역	융합 사고력–과학
사고 영역	문제 파악 능력, 문제 해결 능력

모범답안

(1) 기온이 높아지면 공기 밀도가 낮아져 날개 아래로 흐르는 공기의 양이 적어지므로 양력이 작기 때문이다.

해설

기체는 온도가 높아지면 부피가 팽창하고 밀도가 낮아진다. 기온이 상승하면 공기 밀도가 낮아지고, 비행기 날개 아래로 흐르는 공기의 양이 적어져 양력이 작아진다. 비행기는 양력이 중력보다 커야 날 수 있다. 양력이 작으면 긴 활주로를 달려 양력을 충분히 크게 만들거나, 줄어든 양력만큼 무게(중력)를 줄이면 이륙할 수 있다. 특히 소형 비행기는 날개가 작아서 양력이 크게 만들어지지 않으므로 기온의 영향을 많이 받는다. 기온이 높아지면 비행기의 이륙뿐만 아니라 착륙도 힘들어진다. 비행기가 착륙할 때 공기 저항을 이용하는데, 기온이 높아지면 공기 밀도가 낮아져 공기 저항도 작아지기 때문이다.

▲ 기온이 낮은 경우

▲ 기온이 높은 경우

채점 기준   요소별 채점

문제 파악 능력(3점)

채점 기준	점수
양력이 작다고만 서술한 경우	1점
공기 밀도가 낮아져 양력이 작다고 서술한 경우	3점

예시답안

(2)
① 활주로를 길게 만들고, 이륙 전 빠르게 달려 날개에 양력을 크게 만든다.
② 하루 중 비교적 온도가 낮은 아침과 저녁에 이착륙한다.
③ 큰 양력이 생기도록 비행기 날개를 크게 만든다.
④ 큰 비행기만 이착륙한다.
⑤ 승객, 연료, 화물을 줄여 비행기 전체 무게를 줄인다.

해설

비행기 날개에서 생기는 양력이 줄어들면 이륙에 필요한 양력을 얻기 위해 비행기가 달려야 하는 거리가 늘어나므로 활주로가 길어져야 한다. 만약 긴 활주로가 준비되지 않았다면 승객, 연료, 화물을 줄여 비행기 전체 무게를 줄이는 방법이 있다. 비행기는 날개가 클수록 양력이 많이 생기므로 보잉 737s, 에어버스 A320s 같은 대형 비행기는 온도의 영향을 적게 받는다. 하지만 대형 비행기도 기온이 53 ℃ 이상이면 운항이 위험하므로 기온이 높은 곳에 있는 두바이 국제공항과 걸프 공항의 비행기는 기온이 낮은 밤늦은 시간에 도착하고 새벽에 출발하는 대형 비행기를 이용한다.

채점 기준 총체적 채점

문제 해결 능력(7점)
* 더운 날씨에도 비행기의 이륙과 착륙을 안전하게 할 수 있는 방법으로 적절한 것만 아이디어로 평가한다.
* 같은 아이디어가 반복되는 경우 1개의 아이디어로 평가한다.
* 적절한 아이디어라고 여겨지는 것의 수를 세어 다음 기준에 따라 점수를 부여한다.

아이디어의 수	점수
1개	2점
2개	4점
3개	7점

2회

평가 영역 문항	창의성		사고력		융합 사고력	
	유창성, 융통성	독창성	수학 사고력	과학 사고력	문제 파악 능력	문제 해결 능력
01	점	점				
02	점	점				
03	점					
04	점	점				
05	점	점				
06			점			
07					점	점
08			점			
09	점					
10	점					
11	점					
12	점					
13				점		
14					점	점

평가 영역별 점수	유창성, 융통성	독창성	수학 사고력	과학 사고력	문제 파악 능력	문제 해결 능력
	창의성		사고력		융합 사고력	
	/ 63점		/ 17점		/ 20점	
			총점			

● 평가 결과에 따른 학습 방향

창의성	45점 이상	보다 독창성 있는 아이디어를 내는 연습을 하세요.
	32~44점	다양한 관점의 아이디어를 더 내는 연습을 하세요.
	32점 미만	적절한 아이디어를 더 내는 연습을 하세요.

사고력	6점 이상	교과 개념과 연관된 응용문제로 문제 적응력을 기르세요.
	6점 미만	틀린 문항과 관련된 교과 개념을 다시 공부하세요.

융합 사고력	15점 이상	답안을 보다 구체적으로 작성하는 연습을 하세요.
	10~14점	문제 해결 방안의 아이디어를 다양하게 내는 연습을 하세요.
	10점 미만	실생활과 관련된 기사로 수학·과학적 사고를 확장하는 연습을 하세요.

평가 가이드
문항 구성 및 채점표

01 창의성

평가 영역	일반 창의성
사고 영역	유창성, 융통성, 독창성

예시답안

① 어머니 앞에서 동전 마술을 한다.

② 동전으로 멋진 조각을 만들어 어머니 방에 장식한다.

③ 동전 위에 종이를 두고 모양을 본뜬 미술 작품이나 그림을 만들어 어머니께 선물한다.

④ 어머니와 동전 던지기 게임을 한다.

⑤ 어머니께 동전의 앞면과 뒷면을 선택하게 하고, 동전을 던져 나온 면에 따라 심부름을 하거나 안마를 해 드린다.

⑥ 어머니께서 자주 사용하시는 전자 기기에 동전을 붙여 전자파를 차단한다.

⑦ 꽃병 안에 동전을 넣어 꽃이 시드는 시기를 늦춘다.

⑧ 싱크대 안쪽에 망에 넣은 동전을 넣어 악취를 제거한다.

⑨ 운동화 밑창에 동전을 넣어 냄새를 제거한다.

해설

⑦ 구리에서 음이온이 발생해 꽃이 쉽게 시들지 않는다.

⑧, ⑨ 구리가 항균 작용을 하므로 냄새를 없앨 수 있고 세균 번식도 억제한다.

채점 기준 총체적 채점

유창성, 융통성(5점) : 적절한 아이디어의 수와 범주
* 동전을 돈의 용도로 사용하는 경우(돈을 모아서 선물을 산다 등)는 아이디어로 평가하지 않는다.
* 같은 아이디어가 반복되는 경우 1개의 아이디어로 평가한다.
* 적절한 아이디어라고 여겨지는 것의 수를 세어 다음 기준에 따라 점수를 부여한다.

아이디어의 수	점수
1개	1점
2개	2점
3개	3점
4개	4점
5개	5점

독창성(2점) : 아이디어가 얼마나 독특하고 창의적인가?
* 유창성, 융통성 점수를 받은 아이디어에 한해서 독창성 채점을 한다.
* 학생들의 답안을 토대로 흔한 아이디어 목록을 구성하고, 그에 포함되지 않는 아이디어의 수를 세어 다음 기준에 따라 점수를 부여한다.
* 감각적, 감성적 아이디어에는 독창성 점수를 부여한다.

아이디어의 수	점수
1개	1점
2개 이상	2점

⑫ 창의성

평가 영역	일반 창의성
사고 영역	유창성, 융통성, 독창성

예시답안

① 인터넷에 빌딩 이름을 검색해 높이를 알아본다.

② 빌딩 설계도를 구해 높이를 알아본다.

③ 빌딩을 설계한 사람이나 빌딩을 만든 사람에게 높이를 물어본다.

④ 빌딩 옥상에서 지상까지 긴 줄을 내려 줄의 길이를 측정한다.

⑤ 빌딩 한 층 높이를 측정하고 빌딩 층수를 곱해 빌딩 높이를 계산한다.

⑥ 빌딩 옥상에서 공을 떨어뜨리고 공이 지상에 도착하는 데 걸리는 시간을 측정해 빌딩 높이를 계산한다.ー자유 낙하 속도 이용

⑦ 지상과 빌딩 옥상의 온도를 측정해 온도 차이로 빌딩 높이를 계산한다.ー높이에 따른 기온 감률 이용

⑧ 지상과 빌딩 옥상의 기압을 측정해 기압 차이로 빌딩 높이를 계산한다.ー높이에 따른 기압 변화 이용

⑨ 막대 그림자와 빌딩 그림자를 이용해 빌딩 높이를 계산한다.ー도형의 닮음

⑩ 빌딩 주변 건물의 사진을 찍어 높이를 알고 있는 다른 건물과 비교해 빌딩 높이를 계산한다.

⑪ 빌딩 옥상에서 레이저 거리 측정기로 높이를 측정한다.

⑫ 빌딩 옥상에서 줄을 타고 내려오면서 워킹 미터를 이용하여 높이를 측정한다.

워킹 미터 ◀

채점 기준 총체적 채점

유창성, 융통성(5점) : 적절한 아이디어의 수와 범주

* 빌딩의 높이를 측정하거나 계산할 수 있는 방법으로 적절한 것만 아이디어로 평가한다.

* 같은 아이디어가 반복되는 경우 1개의 아이디어로 평가한다.

* 적절한 아이디어라고 여겨지는 것의 수를 세어 다음 기준에 따라 점수를 부여한다.

아이디어의 수	점수
1~3개	1점
4~5개	2점
6~7개	3점
8~9개	4점
10개	5점

독창성(2점) : 아이디어가 얼마나 독특하고 창의적인가?

* 유창성, 융통성 점수를 받은 아이디어에 한해서 독창성 채점을 한다.

* 학생들의 답안을 토대로 흔한 아이디어 목록을 구성하고, 그에 포함되지 않는 아이디어의 수를 세어 다음 기준에 따라 점수를 부여한다.

아이디어의 수	점수
1개	1점
2개 이상	2점

03 창의성

평가 영역	수학 창의성
사고 영역	유창성, 융통성

예시답안

① 수유	⑬ 부추	㉕ 요소	㊲ 조모
② 수표	⑭ 보충	㉖ 총포	㊳ 소송
③ 우표	⑮ 묘수	㉗ 조소	㊴ 충무
④ 수줍음	⑯ 보수	㉘ 모종	㊵ 충수
⑤ 모포	⑰ 보수층	㉙ 후보	㊶ 초보
⑥ 후추	⑱ 모음	㉚ 초유	㊷ 주소
⑦ 충주	⑲ 무주	㉛ 홍초	㊸ 무소유
⑧ 중추	⑳ 소포	㉜ 호흡	㊹ 보습
⑨ 우주	㉑ 소중	㉝ 무좀	㊺ 보호
⑩ 추모	㉒ 소추	㉞ 소묘	㊻ 보조
⑪ 호모	㉓ 호우	㉟ 주스	㊼ 보모
⑫ 효모	㉔ 호수	㊱ 조부	㊽ 수모

해설

좌우 대칭 글자 '모, 몸, 몽, 몹, 못, 묘, 무, 뭉, 뭅, 뭇, 뮤, 므, 믐, 보, 봄, 봅, 봇, 봉, 뵤, 부, 붐, 붑, 붓, 붕, 뷰, 브, 븜, 븝, 븟, 소, 솜, 솝, 솟, 송, 쇼, 수, 숨, 숩, 숫, 숭, 슈, 스, 슴, 습, 슷, 승, 조, 좀, 좁, 종, 좆, 좋, 죠, 주, 줌, 줍, 줏, 중, 쥬, 즈, 즘, 즙, 줏, 증, 초, 촘, 촙, 촛, 총, 쵸, 추, 춤, 춥, 춫, 충, 츄, 츠, 츰, 츱, 춧, 층, 호, 홈, 홉, 홋, 홍, 효, 후, 훔, 훙, 휴, 흐, 흠, 흡, 흥'을 조합하여 단어를 만든다.

채점 기준   총체적 채점

유창성, 융통성(7점) : 적절한 아이디어의 수와 범주
* 가운데를 중심으로 좌우 대칭인 단어만 아이디어로 평가한다.
* 같은 문자가 반복되거나 의미가 없는 단어는 아이디어로 평가하지 않는다.
* 적절한 아이디어라고 여겨지는 것의 수를 세어 다음 기준에 따라 점수를 부여한다.

아이디어의 수	점수		아이디어의 수	점수
1~11개	2점		16~17개	5점
12~13개	3점		18~19개	6점
14~15개	4점		20개	7점

04 **창의성**

평가 영역	수학 창의성
사고 영역	유창성, 융통성, 독창성

예시답안

① 텔레비전을 시청하는 사람들의 평균 시청 시간을 알 수 있다.

② 남자와 여자의 텔레비전 시청 정도의 차이를 알 수 있다.

③ 사람들이 많이 보는 프로그램이 어떤 프로그램인지 알 수 있다.

④ 연령대별 텔레비전 시청 정도를 알 수 있다.

⑤ 어떤 방송사를 많이 시청하는지 알 수 있다.

⑥ 10대가 20~40대보다 텔레비전 시청을 많이 한다.

⑦ 예능을 시청하는 정도는 보도를 시청하는 정도의 약 1.5배 이상이다.

⑧ 스포츠보다 드라마를 더 많이 본다.

⑨ TV 시청시간이 3시간 이상인 사람이 전체 비율의 반 이상이다.

채점 기준 총체적 채점

유창성, 융통성(5점) : 적절한 아이디어의 수와 범주

* 인포그래픽을 통해 알 수 있는 사실만 아이디어로 평가한다.
* 같은 아이디어가 반복되는 경우 1개의 아이디어로 평가한다.
* 적절한 아이디어라고 여겨지는 것의 수를 세어 다음 기준에 따라 점수를 부여한다.

아이디어의 수	점수
1개	1점
2개	2점
3개	3점
4개	4점
5개	5점

독창성(2점) : 아이디어가 얼마나 독특하고 창의적인가?

* 유창성, 독창성 점수를 받은 아이디어에 한해서 독창성 채점을 한다.
* 인포그래픽으로 알 수 있는 사실을 활용해 새로운 정보를 찾거나 계산한 경우 독창성 점수를 부여한다.
* 학생들의 답안을 토대로 흔한 아이디어 목록을 구성하고, 그에 포함되지 않는 아이디어의 수를 세어 다음 기준에 따라 점수를 부여한다.

아이디어의 수	점수
1개	1점
2개 이상	2점

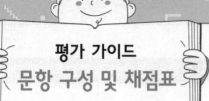
05 창의성

평가 영역	수학 창의성
사고 영역	유창성, 융통성, 독창성

예시답안

① 털실 2뭉치로 목도리 1개를 만든다.

② 신발 2짝을 모아 1켤레가 된다.

③ 볼트와 너트를 결합하면 1덩어리가 된다.

④ 찰흙 2덩어리를 뭉쳐 1덩어리를 만든다.

⑤ 2개의 끈을 연결하면 끈 1개가 된다.

⑥ 물 2잔을 한 그릇에 담으면 물 1잔이 된다.

⑦ 500원 동전 2개를 1,000원 지폐 1장으로 바꾼다.

⑧ 동생과 나는 한 가족이다.

⑨ 2개의 파일을 1개의 폴더에 넣는다.

⑩ 불과 소금을 섞어 소금물을 만든다.

⑪ 책 2쪽이 더해져 1장이 된다.

채점 기준   총체적 채점

유창성, 융통성(5점) : 적절한 아이디어의 수와 범주

* 1+1=1이 되는 경우만 아이디어로 평가한다.

* 같은 아이디어가 반복되는 경우 1개의 아이디어로 평가한다.

* 적절한 아이디어라고 여겨지는 것의 수를 세어 다음 기준에 따라 점수를 부여한다.

아이디어의 수	점수
1~3개	1점
4~5개	2점
6~7개	3점
8~9개	4점
10개	5점

독창성(2점) : 아이디어가 얼마나 독특하고 창의적인가?

* 유창성, 융통성 점수를 받은 아이디어에 한해서 독창성 채점을 한다.

* 물리적 결합이 아닌 경우 독창성 점수를 부여한다.

* 학생들의 답안을 토대로 흔한 아이디어 목록을 구성하고, 그에 포함되지 않는 아이디어의 수를 세어 다음 기준에 따라 점수를 부여한다.

* 감각적, 감성적 아이디어에는 독창성 점수를 부여한다.

아이디어의 수	점수
1개	1점
2개 이상	2점

06 사고력

평가 영역	사고력
사고 영역	수학 사고력

모범답안

[색칠된 삼각형의 개수] 19683개

[풀이 과정]

색칠된 삼각형의 개수는 1개, 3개, 9개, 27개, …이므로 3배씩 늘어난다. 10번째 도형에서 색칠된 삼각형의 개수는 3을 9번 곱한값과 같다.

3×3×3×3×3×3×3×3×3=19683

해설

구분	첫 번째	두 번째	세 번째	네 번째	다섯 번째	…
색칠된 삼각형의 개수(개)	1	3	3×3=9	3×3×3 =27	3×3×3×3 =81	…

채점 기준 요소별 채점

수학 사고력(5점)

채점 기준	점수
답을 정확히 구한 경우	2점
풀이 과정을 바르게 서술한 경우	3점

07 **융합 사고력**

평가 영역	융합 사고력–수학
사고 영역	문제 파악 능력, 문제 해결 능력

모범답안

(1) 1 홉＝0.18 L

해설

1 말은 18 L이다. 1 말＝10 되＝100 홉이므로 1 홉은 1 말의 $\frac{1}{100}$ 이다.

채점 기준 요소별 채점

문제 파악 능력(3점)

채점 기준	점수
답을 정확히 구한 경우	3점

예시답안

(2)
① 내 코가 석 <u>자</u>
② 십 <u>년</u>이면 강산도 변한다.
③ 천 <u>리</u> 길도 한 걸음부터
④ 한<u>술</u> 밥에 배부르랴?
⑤ 한 <u>치</u> 앞도 못본다.
⑥ 어림 반 <u>푼</u> 없는 소리 한다.
⑦ 말 한마디에 천 <u>냥</u> 빚도 갚는다.
⑧ 열 <u>번</u> 찍어 아니 넘어가는 나무 없다.
⑨ 열 길 물속은 알아도 한 길 사람 속은 모른다.
⑩ <u>자</u>에도 모자랄 적이 있고 <u>치</u>에도 넉넉할 적이 있다.

해설

① '내 사정이 급해서 남의 사정까지 돌볼 수 없다.'는 뜻이다.
② '십 년이란 세월이 흐르면 세상에 변하지 않는 것이 없다.'는 뜻이다.
③ '무슨 일이든 그 시초가 중요하다.'는 뜻이다.
④ '무슨 일이든 처음에는 큰 성과를 기대할 수 없다.'는 뜻이다.
⑤ '멀리 보지 못한다.'는 뜻이다.
⑥ 상대방이 아주 부당하거나 터무니없는 소리를 할 때 사용하는 말이다.
⑦ '말을 잘 하면 큰 빚도 갚을 수 있다.'는 뜻으로, 말의 중요성을 나타낸다.
⑧ '여러 번 계속해서 노력하면 어떤 일이라도 이룰 수 있다.'는 뜻이다.
⑨ '사람의 마음은 알기가 어렵다.'는 뜻이다.
⑩ '때에 따라 많아도 모자랄 때가 있고, 적어도 남을 때가 있다.'는 뜻이다.
• 척, 치, 푼, 리, 길 : 길이의 단위
  1 자=1 척=10 치=100 푼≒0.3 m=30 cm, 1 길=10 자≒3 m=300 cm, 1 리≒400 m
• 냥 : 무게의 단위, 1 냥=10 돈=37.5 g
• 술 : 숟가락으로 떠서 세는 단위

채점 기준   총체적 채점

문제 해결 능력(7점)
* 단위가 들어간 속담만 아이디어로 평가한다.
* 같은 아이디어가 반복되는 경우 1개의 아이디어로 평가한다.
* 적절한 아이디어라고 여겨지는 것의 수를 세어 다음 기준에 따라 점수를 부여한다.

아이디어의 수	점수	3개	3점
1개	1점	4개	5점
2개	2점	5개	7점

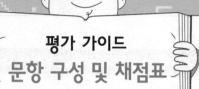

08 사고력

평가 영역	사고력
사고 영역	수학 사고력

예시답안

[잘못된 점]

어쨌든 우리 반이 독서상을 받았잖아요. 그건 나도 책을 많이 읽는다는 거예요.

[이유]

평균이라는 것은 반 학생 모두가 읽은 책을 합한 후 학생 수로 나눈 것으로, 개인이 읽은 책이 부족하더라도 구성원 전체가 읽은 책이 많으면 독서상을 받을 수 있다. 전체를 기준으로 한 결과를 자신에게도 해당되는 것처럼 확대 해석했기 때문이다.

채점 기준　요소별 채점

수학 사고력(7점)

채점 기준	점수
잘못된 점을 바르게 찾은 경우	3점
이유를 정확히 서술한 경우	4점

09 창의성

평가 영역	일반 창의성
사고 영역	유창성, 융통성

예시답안

[사라질 직업]

① 옷 판매원 : 기술 발달로 집에서 내가 옷을 입은 모습을 확인하고 온라인으로 옷을 살 수 있을 것이다.

② 경비원 : 무인 경비 시스템이 발달해 경비하는 직업이 없어질 것이다.

③ 집배원 : 편지 대신 문자 메시지나 이메일을 사용하므로 편지를 배달하는 직업이 없어질 것이다.

④ 택시 운전기사 : 자율주행 자동차 개발로 사람이 운전하지 않는 자동차가 생길 것이다.

⑤ 미화원 : 청소 로봇의 개발로 사람이 청소하지 않아도 될 것이다.

⑥ 스포츠 심판 : 영상 및 이미지 분석 기술 발달로 인공 지능 심판이 생길 것이다.

⑦ 마트 계산원 : 장바구니에 담으면 카메라로 인식한 뒤 바로 계산이 가능할 것이다.

[생겨날 직업]

① 로봇 정비사 : 로봇을 사용하는 곳이 많아지므로 로봇을 고치는 사람이 많이 필요할 것이다.

② 지하도시 건축가 : 지상 공간이 부족해 지하 도시를 건설해야 할 것이다.

③ 우주여행 전문가 : 기술 발달로 우주여행을 하는 사람들이 늘어날 것이다.

④ 프로그래밍, 코딩 전문가 : 무인 경비 시스템이나 자율주행 자동차와 같은 장비가 작동하는 프로그램이 많이 필요할 것이다.

⑤ 친환경 에너지 연구원 : 환경 오염과 에너지 자원의 고갈로 친환경 에너지 개발이 필요할 것이다.

⑥ 실버시터 : 노인 인구가 증가하여 노인들의 생활을 도와줄 사람이 필요할 것이다.

⑦ 보안 프로그램 개발자 : 사생활 침해를 방지하기 위해 체계적인 보안 프로그램을 개발할 사람이 필요할 것이다.

채점 기준 총체적 채점

유창성, 융통성(7점) : 적절한 아이디어의 수와 범주

* 사라질 직업과 새로 생겨날 직업을 각각 1개의 아이디어로 평가한다.
* 같은 아이디어가 반복되는 경우 1개의 아이디어로 평가한다.
* 적절한 아이디어라고 여겨지는 것의 수를 세어 다음 기준에 따라 점수를 부여한다.

아이디어의 수	점수	5개	4점
1~2개	1점	6개	5점
3개	2점	7개	6점
4개	3점	8개	7점

❿ 창의성

평가 영역	과학 창의성
사고 영역	유창성, 융통성

예시답안

① 핀셋
② 젓가락
③ 장도리
④ 망치
⑤ 손톱깎이
⑥ 가위
⑦ 윗접시 저울
⑧ 낚싯대
⑨ 빨래집게
⑩ 펜치
⑪ 병따개
⑫ 스테이플러
⑬ 문 손잡이
⑭ 펀치
⑮ 시소
⑯ 작두
⑰ 양팔저울
⑱ 우리 몸의 팔
⑲ 호두까기
⑳ 외발 손수레
㉑ 노루발
㉒ 스패너
㉓ 톱니바퀴
㉔ 자동차 변속기

채점 기준 총체적 채점

유창성, 융통성(7점) : 적절한 아이디어의 수와 범주

* 지레의 원리가 이용된 도구만 아이디어로 평가한다.

* 같은 아이디어가 반복되는 경우 1개의 아이디어로 평가한다.

* 적절한 아이디어라고 여겨지는 것의 수를 세어 다음 기준에 따라 점수를 부여한다.

아이디어의 수	점수		15~16개	4점
1~10개	1점		17~18개	5점
11~12개	2점		19개	6점
13~14개	3점		20개	7점

⑪ 창의성

평가 영역	과학 창의성
사고 영역	유창성, 융통성

예시답안

① 겨울에 수도관 안의 물이 얼면 수도 계량기가 터진다.
② 겨울에 도로 틈의 물이 얼었다 녹는 과정이 반복되면서 도로가 갈라진다.
③ 가는 관에 온도에 따라 부피가 일정하게 변하는 액체를 넣어 온도계를 만든다.
④ 열팽창률이 다른 두 개의 금속을 붙여 바이메탈을 만든다.
⑤ 찌그러진 탁구공을 뜨거운 물에 넣으면 다시 펴진다.
⑥ 열기구 안의 공기를 가열하면 열기구가 떠오른다.
⑦ 여름에는 겨울보다 자동차 타이어에 공기를 적게 넣는다.
⑧ 컵 두 개가 포개져서 잘 빠지지 않을 때는 아래쪽 컵을 따뜻한 물에 넣으면 쉽게 빠진다.
⑨ 더운물을 넣은 페트병을 얼음물에 넣으면 페트병이 찌그러진다.
⑩ 여름에는 철도 레일 사이에 틈이 없지만, 겨울에는 틈이 생긴다.
⑪ 여름에 냉장고에 넣어두었던 생수병의 물을 절반 정도 마시고 뚜껑을 살짝 닫으면 잠시 후 공기가 팽창하며 소리가 난다.
⑫ 유리 용기와 금속 뚜껑으로 이루어진 병뚜껑이 잘 열리지 않을 때는 금속 뚜껑에 뜨거운 물을 부으면 쉽게 열린다.
⑬ 밀폐 용기에 뜨거운 음식을 넣고 바로 뚜껑을 닫으면 뚜껑이 안으로 쑥 들어간다.
⑭ 밀폐된 비닐봉지에 담긴 음식을 전자레인지에 넣고 작동하면 비닐봉지가 부풀어 오르다가 터진다.

채점 기준　총체적 채점

유창성, 융통성(7점) : 적절한 아이디어의 수와 범주
* 온도 변화에 따른 물질의 부피 변화에 의한 현상이나 예만 아이디어로 평가한다.
* 같은 아이디어가 반복되는 경우 1개의 아이디어로 평가한다.
* 적절한 아이디어라고 여겨지는 것의 수를 세어 다음 기준에 따라 점수를 부여한다.

아이디어의 수	점수		
1개	1점	3개	3점
2개	2점	4개	5점
		5개	7점

⑫ 창의성

평가 영역	과학 창의성
사고 영역	유창성, 융통성

예시답안

① 벌에 쏘이면 암모니아수를 바른다.

② 위산으로 속이 쓰리면 제산제를 먹는다.

③ 산성화된 토양에 석회를 뿌린다.

④ 산성비의 원인이 되는 물질을 제거하기 위해 공장 굴뚝에 탈황장치를 설치한다.

⑤ 김치의 신맛을 줄이기 위해 김치에 달걀 껍데기나 조개껍데기를 넣어둔다.

⑥ 파마 약으로 파마를 한 후 중화제를 뿌린다.

⑦ 화장실의 찌든 때를 식초로 제거한다.

⑧ 음식을 먹고 난 뒤에는 치약으로 양치질한다.

⑨ 비누로 머리를 감은 후 식초물로 헹군다.

⑩ 모기에 물리면 모기약을 바른다.

해설

① 벌의 독성은 산성 물질이고, 암모니아수는 염기성 물질이다.

② 위산은 산성 물질이고, 제산제는 염기성 물질이다.

③ 석회는 염기성 물질이다.

④ 공장 굴뚝에서 나오는 배기가스 중 이산화 황은 산성 물질이고, 탈황 장치에 사용하는 석회(산화 칼슘)는 염기성 물질이다.

⑤ 달걀 껍데기나 조개껍데기의 주성분인 탄산 칼슘은 염기성 물질이다.

⑥ 파마 약은 염기성 물질이고, 중화제는 산성 물질이다.

⑦ 화장실의 찌든 때는 염기성 물질이고, 식초는 산성 물질이다.

⑧ 음식물 찌꺼기는 산성 물질이고, 치약은 염기성 물질이다.

⑨ 비누는 염기성 물질이고, 식초는 산성 물질이다.

⑩ 모기가 피를 빨아먹을 때 혈액이 응고되지 않도록 체액을 분비하는데 체액은 산성 물질이고, 바르는 약은 염기성 물질이다.

채점 기준　총체적 채점

유창성, 융통성(7점) : 적절한 아이디어의 수와 범주

* 산과 염기를 이용한 중화 반응의 예만 아이디어로 평가한다.

* 같은 아이디어가 반복되는 경우 1개의 아이디어로 평가한다.

* 적절한 아이디어라고 여겨지는 것의 수를 세어 다음 기준에 따라 점수를 부여한다.

아이디어의 수	점수		
		7개	4점
1~2개	1점	8개	5점
3~4개	2점	9개	6점
5~6개	3점	10개	7점

13 사고력

평가 영역	사고력
사고 영역	과학 사고력

모범답안

빛이 서로 다른 성질을 가진 물과 공기의 경계면을 지날 때 굴절하여 빛의 방향이 바뀌기 때문이다.

해설

빛이 서로 다른 투명한 물질의 경계면을 지날 때 속력 차이에 의해 진행 방향이 꺾이는데, 이를 빛의 굴절이라고 한다. 물컵에 담가 둔 빨대가 꺾여 보이거나, 물속에 있는 다리가 짧아 보이는 것, 컵에 물을 넣으면 보이지 않던 동전이 보이는 것은 빛이 물속에 잠긴 부분에서 나와 직진하다가 수면을 지날 때 굴절하여 우리 눈에 들어오기 때문이다.

▲ 컵에 물이 없는 경우

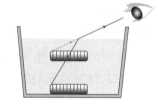
▲ 컵에 물이 있는 경우

채점 기준   요소별 채점

과학 사고력(5점)

채점 기준	점수
이유를 바르게 서술한 경우	5점

평가 가이드
문항 구성 및 채점표

⑭ 융합 사고력

평가 영역	융합 사고력–과학
사고 영역	문제 파악 능력, 문제 해결 능력

▶ 예시답안

(1)
① 식량으로 사용되는 농작물로 연료를 만들기 때문에 곡물 가격이 상승할 수 있다.
② 농작물을 재배하기 위해 산림을 파괴하는 2차 환경 파괴가 나타날 수 있다.
③ 재료가 되는 농작물을 재배하면서 토양 오염과 수질 오염이 발생한다.
④ 재료가 되는 농작물을 재배하는 데 더 많은 비용이 든다.
⑤ 재료가 되는 농작물을 재배할 수 있는 지역이 제한적이다.
⑥ 재료가 되는 농작물을 재배하고 농작물로 바이오 연료를 만들 때 더 많은 이산화 탄소가 발생한다.

▶ 해설

현재 바이오 연료를 개발하고 사용을 확대하는 나라는 농작물 생산량이 풍부한 미국과 브라질이다. 대형 승용차의 연료 탱크를 바이오 에탄올로 단 한 번 채우는 데 소모되는 옥수수는 한 사람이 1년 동안 먹을 수 있는 양과 같다. 식량으로 사용되는 농작물로 연료를 만들면 곡물 가격이 상승하게 되고, 아프리카와 같이 식량 생산량이 부족해 농작물을 수입하는 나라는 식량 부족을 겪게 될 수 있다. 브라질이나 동남아시아 나라들이 바이오 연료를 만들기 위해 아마존 밀림이나 열대 우림을 없애고 옥수수 등 농작물을 경작하고 있는데 이는 오히려 환경을 파괴한다.

바이오 연료

http://m.site.naver.com/0IrOC

▶ 채점 기준 총체적 채점

문제 파악 능력(3점)

채점 기준	점수
문제점을 1가지 서술한 경우	1점
문제점을 2가지 서술한 경우	3점

예시답안

(2)

① 식량이나 사료의 원료가 되는 곡식으로 바이오 연료를 만들지 않고, 식량으로 사용되지 않는 나무나 풀의 잎, 줄기, 뿌리 등 식물 조직이나 미세 조류 등으로 바이오 연료를 만든다.

② 음식물 쓰레기나 폐식용유 등 폐기물로 바이오 연료를 만든다.

③ 4세대 바이오 연료를 개발한다.

④ 유전자 재조합 기술과 결합해 바이오 연료 재료를 재배한다.

⑤ 모든 국가는 바이오 연료 생산과 관련하여 환경, 사회, 경제에 영향을 미칠 가이드 라인을 설정한다.

해설

옥수수나 사탕수수 등 식량으로 만드는 1세대 바이오 연료는 식량 가격 상승과 식량 부족 문제점을 발생시켰다. 나무나 풀로 만드는 2세대 바이오 연료는 제조 과정이 복잡하고 비용이 많이 드는 단점이 있다. 바다에 사는 해조류나 녹조 미세 조류로 만드는 3세대 바이오 연료는 미세 조류의 성장 속도가 빠르고 농경지가 필요 없으므로 유용한 자원으로 평가받고 있다. 국내에서도 대규모 경작지가 필요 없고 성장 속도가 빨라 대규모 양식이 가능한 미세 조류를 이용한 바이오 연료 개발에 적극적이다.

2011년 인천광역시는 환경 에너지 종합 타운을 조성하고, 음식물 쓰레기 속 메테인 가스 연료화 기술을 확보했다. 음식물 쓰레기가 매립지에 도착하면 압축기로 수분을 제거하고 기름층을 분리한 후 미생물을 이용해 바이오 가스를 생성한다. 이렇게 만들어진 바이오 가스는 그 자체 열량만으로는 버스를 움직일 수 없어서 천연가스와 17:3의 비율로 혼합하여 사용한다. 현재 인천 시내버스의 95 % 이상이 바이오 가스를 사용한다. 서울 동대문구청 처리 시설에서는 하루에 발생하는 98 t의 음식물 쓰레기를 발효해 12 t의 바이오 가스를 얻고 이를 이용하여 하루 2만 1888 kW의 전력을 생산한다.

채점 기준 총체적 채점

문제 해결 능력(7점)

* 바이오 연료를 사용할 때 발생하는 문제점의 해결 방안으로 적절한 것만 아이디어로 평가한다.

* 같은 아이디어가 반복되는 경우 1개의 아이디어로 평가한다.

* 적절한 아이디어라고 여겨지는 것의 수를 세어 다음 기준에 따라 점수를 부여한다.

아이디어의 수	점수		2개	4점
1개	1점		3개	7점

평가 영역 문항	창의성		사고력		융합 사고력	
	유창성, 융통성	독창성	수학 사고력	과학 사고력	문제 파악 능력	문제 해결 능력
01	점	점				
02	점	점				
03	점					
04	점	점				
05	점					
06			점			
07					점	점
08	점	점				
09	점					
10	점					
11	점					
12	점					
13				점		
14					점	점

평가 영역별 점수	유창성, 융통성	독창성	수학 사고력	과학 사고력	문제 파악 능력	문제 해결 능력
	창의성		사고력		융합 사고력	
	/ 70점		/ 10점		/ 20점	
			총점			

● 평가 결과에 따른 학습 방향

창의성
- **50점 이상** 보다 독창성 있는 아이디어를 내는 연습을 하세요.
- **35~49점** 다양한 관점의 아이디어를 더 내는 연습을 하세요.
- **35점 미만** 적절한 아이디어를 더 내는 연습을 하세요.

사고력
- **6점 이상** 교과 개념과 연관된 응용문제로 문제 적응력을 기르세요.
- **6점 미만** 틀린 문항과 관련된 교과 개념을 다시 공부하세요.

융합 사고력
- **15점 이상** 답안을 보다 구체적으로 작성하는 연습을 하세요.
- **10~14점** 문제 해결 방안의 아이디어를 다양하게 내는 연습을 하세요.
- **10점 미만** 실생활과 관련된 기사로 수학·과학적 사고를 확장하는 연습을 하세요.

01 창의성

평가 영역	일반 창의성
사고 영역	유창성, 융통성, 독창성

예시답안

① 붓으로 친구를 간지럽힌다.

② 붓 2개를 뒤집어 젓가락으로 사용한다.

③ 손이 닿지 않는 높은 곳의 먼지를 제거할 때 사용한다.

④ 좁은 틈의 물기를 빨아들일 때 사용한다.

⑤ 빗자루처럼 지우개 가루를 쓸어 담을 때 사용한다.

⑥ 용액을 섞을 때 젓개로 사용한다.

⑦ 붓으로 화장을 한다.

⑧ 상처난 곳에 붓으로 연고를 바른다.

⑨ 화석을 발굴할 때 붓으로 흙을 털어낸다.

⑩ 붓으로 풀을 바른다.

채점 기준 │ 총체적 채점

유창성, 융통성(5점) : 적절한 아이디어의 수와 범주

* 붓을 그림 그리는 용도 외로 활용하는 경우만 아이디어로 평가한다.

* 같은 아이디어가 반복되는 경우 1개의 아이디어로 평가한다.

* 적절한 아이디어라고 여겨지는 것의 수를 세어 다음 기준에 따라 점수를 부여한다.

아이디어의 수	점수
1개	1점
2개	2점
3개	3점
4개	4점
5개	5점

독창성(2점) : 아이디어가 얼마나 독특하고 창의적인가?

* 유창성, 융통성 점수를 받은 아이디어에 한해서 독창성 채점을 한다.

* 학생들의 답안을 토대로 흔한 아이디어 목록을 구성하고, 그에 포함되지 않는 아이디어의 수를 세어 다음 기준에 따라 점수를 부여한다.

아이디어의 수	점수
1개	1점
2개 이상	2점

02 창의성

평가 영역	일반 창의성
사고 영역	유창성, 융통성, 독창성

예시답안

① 계단으로 내려가면서 엘리베이터를 기다리고 있는 사람이 있는 층에서 같이 엘리베이터를 기다린다.

② 팔꿈치나 턱과 같은 신체 부위를 이용해 엘리베이터 버튼을 누른다.

③ 들고 있는 재활용 쓰레기의 모서리를 이용해 엘리베이터 버튼을 누른다.

④ 집 안에 있는 엄마를 불러 엘리베이터 버튼을 눌러달라고 한다.

⑤ 재활용 쓰레기를 한 손으로 들고 다른 한 손으로 엘리베이터 버튼을 누른다.

⑥ 엘리베이터를 타려는 사람이 오거나 엘리베이터에서 사람이 내릴 때까지 기다린다.

⑦ 음성 인식 기능이 있는 엘리베이터를 만든다.

⑧ 엘리베이터 버튼을 누르고 빨리 집으로 들어가서 재활용 쓰레기를 들고나온다.

⑨ 아래쪽에도 버튼을 만들어 발로 버튼을 누를 수 있게 한다.

⑩ 집 앞에 세워둔 자전거 핸들에 재활용 쓰레기를 걸어 놓고 엘리베이터 버튼을 누른다.

⑪ 재활용 쓰레기를 카트에 실어 한 손으로 끌고 다른 손으로 엘리베이터 버튼을 누른다.

⑫ 재활용 쓰레기를 다리 사이에 끼우고 버튼을 누른다.

⑬ 재활용 쓰레기 하나를 엘리베이터 버튼 옆의 벽에 놓고 몸으로 고정한 후 손으로 버튼을 누른다.

채점 기준 총체적 채점

유창성, 융통성(5점) : 적절한 아이디어의 수와 범주
* 재활용 쓰레기를 내려놓지 않고 엘리베이터 버튼을 누를 수 있는 방법으로 적절한 것만 아이디어로 평가한다.
* 같은 아이디어가 반복되는 경우 1개의 아이디어로 평가한다.
* 적절한 아이디어라고 여겨지는 것의 수를 세어 다음 기준에 따라 점수를 부여한다.

아이디어의 수	점수
1~3개	1점
4~5개	2점
6~7개	3점
8~9개	4점
10개	5점

독창성(2점) : 아이디어가 얼마나 독특하고 창의적인가?
* 유창성, 융통성 점수를 받은 아이디어에 한해서 독창성 채점을 한다.
* 학생들의 답안을 토대로 흔한 아이디어 목록을 구성하고, 그에 포함되지 않는 아이디어의 수를 세어 다음 기준에 따라 점수를 부여한다.

아이디어의 수	점수
1개	1점
2개 이상	2점

⑬ 창의성

평가 영역	수학 창의성
사고 영역	유창성, 융통성

예시답안

① 피자
② 자전거
③ 오토바이
④ 숫자 8
⑤ 눈
⑥ 판다 곰 얼굴
⑦ 콧구멍
⑧ 도넛
⑨ 안경
⑩ 글자 '응'
⑪ 두루마리 휴지
⑫ 가위
⑬ 100원 동전
⑭ 계란프라이
⑮ 장구
⑯ 과녁
⑰ 2인용 튜브
⑱ 콘센트
⑲ 단추
⑳ 고리 자석
㉑ 마카롱
㉒ 햄버거
㉓ 수갑
㉔ 눈사람
㉕ 훌라후프
㉖ 선풍기
㉗ 시계
㉘ 망원경
㉙ 환풍기
㉚ 자동차 라이트(전조등)
㉛ 휠체어 바퀴
㉜ CD
㉝ : (문장 부호 쌍점)

채점 기준 총체적 채점

유창성, 융통성(7점) : 적절한 아이디어의 수와 범주
* 누구나 쉽게 원 2개의 모양을 떠올릴 수 있는 것만 아이디어로 평가한다.
* 같은 아이디어가 반복되는 경우 1개의 아이디어로 평가한다.
* 적절한 아이디어라고 여겨지는 것의 수를 세어 다음 기준에 따라 점수를 부여한다.

아이디어의 수	점수	15~16개	4점
1~10개	1점	17~18개	5점
11~12개	2점	19개	6점
13~14개	3점	20개	7점

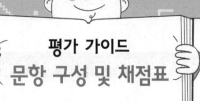
04 창의성

평가 영역	수학 창의성
사고 영역	유창성, 융통성, 독창성

예시답안

① 인터넷 검색으로 알아본다.

② 지도에서 거리를 재서 축척으로 계산한다.

③ 서울에서 부산까지 직접 이동하며 워킹 미터로 거리를 측정한다.

④ 기차로 서울에서 부산까지 가는 데 걸리는 시간과 기차의 속력을 알아내서 거리를 계산한다.

⑤ 내비게이션이나 지도 앱을 이용해 거리를 알아낸다.

⑥ 서울에서 부산까지 택시를 타고 이동하여 미터기로 거리를 확인한다.

⑦ 김포 공항에서 김해 공항까지 비행기 이동 거리를 알아본다.

채점 기준   총체적 채점

유창성, 융통성(5점) : 적절한 아이디어의 수와 범주

* 서울과 부산까지의 거리를 아는 방법으로 적절한 것만 아이디어로 평가한다.
* 같은 아이디어가 반복되는 경우 1개의 아이디어로 평가한다.
* 적절한 아이디어라고 여겨지는 것의 수를 세어 다음 기준에 따라 점수를 부여한다.

아이디어의 수	점수
1개	1점
2개	2점
3개	3점
4개	4점
5개	5점

독창성(2점) : 아이디어가 얼마나 독특하고 창의적인가?

* 유창성, 융통성 점수를 받은 아이디어에 한해서 독창성 채점을 한다.
* 학생들의 답안을 토대로 흔한 아이디어 목록을 구성하고, 그에 포함되지 않는 아이디어의 수를 세어 다음 기준에 따라 점수를 부여한다.
* 감각적, 감성적 아이디어에는 독창성 점수를 부여한다.

아이디어의 수	점수
1개	1점
2개 이상	2점

05 창의성

평가 영역	수학 창의성
사고 영역	유창성, 융통성

예시답안

① 저울로 사과의 무게를 측정한 후 가장 무거운 것을 고른다.

② 사과의 둘레를 측정하여 가장 긴 것을 고른다.

③ 평평한 곳에 사과를 올려놓고 높이가 가장 높은 것을 고른다.

④ 장난감 자동차에 사과를 싣고 일정한 힘으로 밀었을 때 같은 시간 동안 가장 적게 움직인 사과를 고른다.

⑤ 물이 가득 담긴 그릇에 사과를 잠기게 넣었을 때 넘친 물의 양이 가장 많은 것을 고른다.

⑥ 사과를 고무줄에 매달았을 때 고무줄이 가장 많이 늘어난 것을 고른다.

⑦ 양팔저울로 두 개씩 비교했을 때 가장 무거운 사과를 고른다.

⑧ 구멍 크기를 변화시킬 수 있는 체를 만들고 구멍을 점점 키웠을 때 구멍을 통과하지 않는 마지막 사과를 고른다.

⑨ 바닥이 평평한 상자에 사과를 늘어놓고 바닥과 평행하게 뚜껑을 덮어 뚜껑에 가장 먼저 닿는 사과를 고른다.

⑩ 바닥에서 한 바퀴 굴려 보았을 때 가장 멀리 간 사과를 고른다.

⑪ 쟁반 위에 놓고 흔들었을 때 가장 덜 움직이는 사과를 고른다.

해설

사과를 자르거나 믹서기에 가는 등 사과를 상하게 하는 방법은 답안으로 적절하지 않다.

채점 기준 총체적 채점

유창성, 융통성(7점) : 적절한 아이디어의 수와 범주

* 사과의 크기를 비교하는 방법으로 적절한 것만 아이디어로 평가한다.

* 같은 아이디어가 반복되는 경우 1개의 아이디어로 평가한다.

* 적절한 아이디어라고 여겨지는 것의 수를 세어 다음 기준에 따라 점수를 부여한다.

아이디어의 수	점수		3개	3점
1개	1점		4개	5점
2개	2점		5개	7점

06 사고력

평가 영역	사고력
사고 영역	수학 사고력

모범답안

4	0	2	7
2	7	1	3
6	9	8	5
5	3	4	2

해설

4+2+6+5
=0+7+9+1
=2+7+3+5
=8+3+4+2
=17

채점 기준　요소별 채점

수학 사고력(5점)

채점 기준	점수
정확히 네 부분으로 나눈 경우	5점

07 융합 사고력

평가 영역	융합 사고력-수학
사고 영역	문제 파악 능력, 문제 해결 능력

모범답안

(1) 음식물을 오래 씹으면 음식물이 잘게 부서져 표면적(겉넓이)이 넓어지므로 음식물과 소화 효소가 만나는 면적이 넓어져 소화가 잘 된다.

해설

소화는 음식물 속의 영양소들이 우리 몸속으로 흡수되도록 음식물을 작게 자르는 과정으로, 기계적 소화와 화학적 소화로 나뉜다. 기계적 소화는 음식물을 작은 덩어리로 쪼개거나 소화액과 섞는 과정이고, 화학적 소화는 소화 효소에 의해 영양소가 작게 쪼개지는 과정이다. 기계적 소화에는 이로 음식물을 씹어 잘게 부수는 씹는 운동, 소화관을 따라 음식물을 이동시키는 꿈틀 운동, 음식물과 소화액을 골고루 섞는 분절 운동이 있다. 화학적 소화를 일으키는 소화 효소는 음식물을 작게 분해하여 빨리 소화시킨다. 한 가지 소화 효소는 한 가지 영양소만 분해하며, 효소는 단백질이므로 적당한 온도(35~40 ℃)와 적당한 산성도(pH)에서만 작용한다.

채점 기준   요소별 채점

문제 파악 능력(3점)

채점 기준	점수
이유를 바르게 서술한 경우	3점

예시답안

(2)

① 얼음을 잘게 부수어 넣으면 음료가 빨리 시원해진다.

② 설탕을 잘게 부수어 녹이면 빨리 녹는다.

③ 사람과 동물의 폐는 효과적인 가스 교환을 위해 표면적이 넓은 포도송이 모양이다.

④ 소장의 안쪽 벽은 무수히 많은 구불구불한 융털로 덮여 있어 영양소를 빨리 흡수한다.

⑤ 라디에이터는 구불구불한 모양이어서 효과적으로 열을 방출해 난방한다.

⑥ 식물의 뿌리털은 흙과 만나는 표면적을 넓혀 물과 양분을 빠르게 흡수한다.

⑦ 숯은 미세한 구멍이 많아서 흡수, 흡착, 흡취 효과가 뛰어나다.

⑧ 온몸에 뻗어 있는 모세혈관은 표면적이 넓어서 물질 교환을 잘한다.

⑨ 염전에서는 바닷물을 얇고 넓게 퍼트린 후 증발시켜 소금을 얻는다.

채점 기준 총체적 채점

문제 해결 능력(7점)

* 표면적을 넓혀 반응을 빠르게 하는 경우만 아이디어로 평가한다.

* 같은 아이디어가 반복되는 경우 1개의 아이디어로 평가한다.

* 적절한 아이디어라고 여겨지는 것의 수를 세어 다음 기준에 따라 점수를 부여한다.

아이디어의 수	점수		
		3개	3점
1개	1점	4개	5점
2개	2점	5개	7점

⑧ 창의성

평가 영역	일반 창의성
사고 영역	유창성, 융통성, 독창성

예시답안

① 열심히 운동해서 가방이 가볍게 느껴지도록 한다.

② 교실에 책을 두고 다닐 수 있는 사물함을 만든다.

③ 보조 가방에 물건을 나누어 들고 다닌다.

④ 가방에 헬륨 풍선을 매달아 가볍게 만든다.

⑤ 가벼운 소재로 만든 가방으로 바꾼다.

⑥ 바퀴 달린 가방을 사용한다.

⑦ 교과서를 얇게 나누어 들고 다닌다.

⑧ 가방을 자전거에 싣고 자전거를 타고 다닌다.

⑨ 책으로 된 교과서 대신 전자책으로 된 교과서를 가지고 다닌다.

⑩ 부모님께 학교까지 차로 태워 달라고 한다.

채점 기준 　총체적 채점

유창성, 융통성(5점) : 적절한 아이디어의 수와 범주

* 가방을 가볍게 가지고 다닐 방법으로 적절한 것만 아이디어로 평가한다.

* 같은 아이디어가 반복되는 경우 1개의 아이디어로 평가한다.

* 적절한 아이디어라고 여겨지는 것의 수를 세어 다음 기준에 따라 점수를 부여한다.

아이디어의 수	점수
1개	1점
2개	2점
3개	3점
4개	4점
5개	5점

독창성(2점) : 아이디어가 얼마나 독특하고 창의적인가?

* 유창성, 융통성 점수를 받은 아이디어에 한해서 독창성 채점을 한다.

* 학생들의 답안을 토대로 흔한 아이디어 목록을 구성하고, 그에 포함되지 않는 아이디어의 수를 세어 다음 기준에 따라 점수를 부여한다.

아이디어의 수	점수
1개	1점
2개 이상	2점

⑨ 창의성

평가 영역	일반 창의성
사고 영역	유창성, 융통성

예시답안

① 일찍 일어나는 새가 먹이를 찾는다.

  : 일찍 일어나는 것보다 효과적으로 사냥하는 것이 더 중요하다.

② 가만히 있으면 중간은 간다.

  : 요즘에는 자신을 표현하지 않고 가만히 있으면 아무도 알아주지 않는다.

③ 가는 말에 채찍질한다.

  : 성실히 잘하고 있는 사람에게 더 잘하라고 하면 오히려 반항심만 생긴다.

④ 고생 끝에 낙이 온다.

  : 고생을 많이 하면 아프다.

⑤ 침묵이 미덕이다.

  : 요즘에는 자신을 표현하지 않고 가만히 있으면 아무도 알아주지 않는다.

⑥ 땅 파봐야 10원짜리 하나 안 나온다.

  : 중동 지역에서는 땅을 파면 석유와 천연가스가 나온다.

⑦ 늦었다고 생각할 때가 가장 빠르다.

  : 늦었을 때 시작도 못 해보거나 포기해야 하는 상황이 있다.

채점 기준   총체적 채점

유창성, 융통성(7점) : 적절한 아이디어의 수와 범주

* 속담의 오류를 찾아 수정하거나 오늘날에 맞게 적절히 바꾼 경우만 아이디어로 평가한다.

* 논리적, 사실적 근거가 부족한 내용은 아이디어로 평가하지 않는다.

* 적절한 아이디어라고 여겨지는 것의 수를 세어 다음 기준에 따라 점수를 부여한다.

아이디어의 수	점수		3개	3점
1개	1점		4개	5점
2개	2점		5개	7점

⑩ 창의성

평가 영역	과학 창의성
사고 영역	유창성, 융통성

예시답안

① 땅을 깊이 뚫어 지구 내부 물질을 연구한다.

② 화산 분출물을 연구하여 지구 내부 물질을 추측한다.

③ 지구 내부에 지진파를 발생시켜 지구 내부를 연구한다.

④ 지구 내부와 비슷한 고온 고압의 조건에서 광물을 합성하여 지구 내부 물질의 종류와 상태를 연구한다.

⑤ 지구 내부에서 솟아오른 지층을 찾아 지구 내부를 연구한다.

⑥ 지구와 비슷한 나이와 구조를 가진 행성의 운석을 연구한다.

채점 기준 | 총체적 채점

유창성, 융통성(7점) : 적절한 아이디어의 수와 범주

★ 지구 내부를 알아보는 방법으로 적절한 것만 아이디어로 평가한다.

★ 실현 불가능하거나 허황된 방법은 아이디어로 평가하지 않는다.

★ 같은 아이디어가 반복되는 경우 1개의 아이디어로 평가한다.

★ 적절한 아이디어라고 여겨지는 것의 수를 세어 다음 기준에 따라 점수를 부여한다.

아이디어의 수	점수	3개	3점
1개	1점	4개	5점
2개	2점	5개	7점

⑪ 창의성

평가 영역	과학 창의성
사고 영역	유창성, 융통성

예시답안

① 투명한 창문에 불투명한 커튼을 달아 실내로 들어오는 빛의 양을 조절한다.

② 조명에 반투명한 덮개를 덮어 빛의 양을 조절한다.

③ 빛에 의해 변하는 약품을 담는 병은 갈색으로 만든다.

④ 눈부심을 방지하기 위해 선글라스를 쓴다.

⑤ 바늘구멍 사진기를 만들 때 사진기 안으로 빛이 들어오지 않도록 검은색 종이로 만든다.

⑥ 물고기 관찰을 위해 어항을 투명한 유리로 만든다.

⑦ 성당 유리창을 여러 가지 색의 스테인드글라스 물감으로 색칠하여 반투명 유리창을 만든다.

⑧ 뜨거운 여름에 파라솔이나 양산으로 빛을 차단한다.

⑨ 자동차 유리에 선팅 필름을 붙여 햇빛을 차단한다.

채점 기준   총체적 채점

유창성, 융통성(7점) : 적절한 아이디어의 수와 범주

★ 빛의 양을 조절하여 활용하는 경우로 적절한 것만 아이디어로 평가한다.

★ 같은 아이디어가 반복되는 경우 1개의 아이디어로 평가한다.

★ 적절한 아이디어라고 여겨지는 것의 수를 세어 다음 기준에 따라 점수를 부여한다.

아이디어의 수	점수			
1개	1점		3개	3점
2개	2점		4개	5점
			5개	7점

12 창의성

평가 영역	과학 창의성
사고 영역	유창성, 융통성

예시답안

① 기온
② 습도
③ 바람
④ 햇빛의 양
⑤ 체질
⑥ 옷차림
⑦ 활동량
⑧ 나이
⑨ 성별
⑩ 일출과 일몰 시각
⑪ 모여 있는 사람의 수
⑫ 구름의 양 또는 구름의 두께
⑬ 비 또는 눈
⑭ 옷의 두께 또는 옷의 재질
⑮ 주변 난방 기기

채점 기준 총체적 채점

유창성, 융통성(7점) : 적절한 아이디어의 수와 범주

* 체감 온도에 영향을 주는 요인으로 적절한 것만 아이디어로 평가한다.
* 같은 아이디어가 반복되는 경우 1개의 아이디어로 평가한다.
* 적절한 아이디어라고 여겨지는 것의 수를 세어 다음 기준에 따라 점수를 부여한다.

아이디어의 수	점수		아이디어의 수	점수
1~2개	1점		7개	4점
3~4개	2점		8개	5점
5~6개	3점		9개	6점
			10개	7점

13 ## 사고력

평가 영역	사고력
사고 영역	과학 사고력

모범답안

도시가스와 같은 기체 연료는 산소와 만나는 표면적이 고체인 연탄보다 넓어 완전 연소하므로 일산화 탄소와 그을음이 생기지 않고 재가 남지 않기 때문이다.

해설

연탄과 같은 고체 연료를 태우면 공기(산소)와 만나는 표면적이 좁아 불완전 연소가 일어나므로 연료가 완전히 타지 못하고 일산화 탄소와 그을음이 생긴다. 또 고체 연료는 기체나 액체 연료보다 불순물이 많이 포함되어 있어 연소할 때 냄새가 많이 나고 재가 남는다.

채점 기준   요소별 채점

과학 사고력(5점)

채점 기준	점수
이유를 바르게 서술한 경우	5점

⑭ 융합 사고력

평가 영역	융합 사고력—과학
사고 영역	문제 파악 능력, 문제 해결 능력

모범답안

(1) 우리나라는 북반구 중위도에 위치하므로 태양이 가장 높이 뜰 때 지면을 비스듬하게 비추기 때문이다.

해설

하루 중 태양이 가장 높이 뜰 때 적도 지방에서는 지면을 수직으로 비추고, 중위도 지방에서는 비스듬하게, 극지방에서는 지면과 나란하게 비춘다. 따라서 태양 전지가 최대한 태양 빛을 많이 받게 하려면 적도 지방에서는 지면과 나란하게, 중위도 지방에서는 비스듬하게, 극지방에서는 지면과 수직으로 세워야 한다. 우리나라에서 태양 전지를 설치할 때 태양 전지 위치를 고정한다면 태양 전지가 지면에 30°일 때 연중 일사량이 최대가 되어 발전량이 가장 많다. 에너지 관리 공단에서는 이를 바탕으로 태양 전지를 지면에 30°로 설치하도록 기준을 잡았다. 태양 전지는 태양 빛과 수직일 때 효율이 가장 높으므로 고정식 태양 전지는 발전량이 떨어진다. 따라서 태양 전지 각도를 조절할 수 있도록 설치하여 계절에 따라 각도를 조절하는 것이 좋다.

태양 전지

http://m.site.naver.com/0lsjH

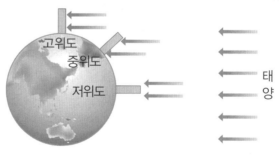

채점 기준 요소별 채점

문제 파악 능력(3점)

채점 기준	점수
위도와 관련지어 서술한 경우	3점

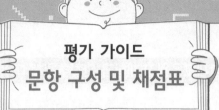

예시답안

(2)
① 겨울에는 해가 낮게 뜨므로 지면과 태양 전지가 이루는 각도를 크게 하고, 여름에는 해가 높이 뜨므로 지면과 태양 전지가 이루는 각도를 작게 하여 태양 빛을 가장 많이 받을 수 있는 각도로 조절한다.
② 태양 전지를 태양의 움직임에 따라 동에서 서로 이동하여 태양 빛을 많이 받게 한다.
③ 고정형 태양 전지인 경우 좌우 각도를 기울여 남쪽을 향하도록 한다.
④ 태양 전지가 여러 개일 경우 태양 전지에 의한 그림자가 생기지 않도록 태양 전지의 간격을 띄워서 설치한다.
⑤ 태양 전지가 주위 건물에 가려지지 않고 태양 빛을 많이 받을 수 있도록 높은 곳에 설치한다.
⑥ 태양 전지가 과열되지 않도록 냉각 장치를 설치한다.

해설

위도는 적도로부터 남쪽과 북쪽으로 떨어진 정도를 나타내고, 방위각은 북쪽으로부터 얼마나 떨어졌는지를 나타낸다. 위도가 37°인 서울에서는 봄과 가을에는 남중 고도가 90°−37°=53°이고, 여름에는 90°−37°+23.5°=76.5°이고, 겨울에는 90°−37°−23.5°=29.5°이다. 따라서 서울에서 태양 전지가 태양 빛을 수직으로 받는 각도는 봄과 가을에는 태양 전지와 지면이 이루는 각이 약 37°일 때, 여름에는 14°일 때, 겨울에는 60°일 때이다. 계절에 따라 태양 전지와 지면이 이루는 각도를 변화시키면 태양 전지의 발전 효율이 높아진다.
태양은 동쪽에서 떠서 남쪽을 지나 서쪽으로 움직이며, 태양 빛이 가장 강하게 지표면을 비출 때는 태양이 남쪽 하늘에 가장 높이 떠 있을 때이다. 태양 전지를 태양의 움직임에 맞춰 회전시키면 태양 빛을 많이 받으므로 발전 효율이 높다. 만약 태양 전지를 고정식으로 설치한다면 태양 전지가 남쪽을 향하도록 설치해야 발전 효율이 높다.
태양 전지는 25 ℃일 때 최상의 발전 효율을 나타내고 1 ℃ 상승할 때마다 0.3~0.5 %씩 발전 효율이 낮아지고 수명이 짧아져 한여름에는 물을 뿌려 태양 전지 온도를 낮추기도 한다. 태양 전지와 주변 건물과의 간격이 좁으면 태양 고도가 낮은 겨울에는 태양 전지에 주변 건물의 그림자가 생겨 발전 효율이 낮아지므로 주변 건물과의 높이 차이를 5배 정도 넓힌다.

채점 기준   총체적 채점

문제 해결 능력(7점)
* 태양 전지의 효율을 높일 수 있는 방법으로 적절한 것만 아이디어로 평가한다.
* 같은 아이디어가 반복되는 경우 1개의 아이디어로 평가한다.
* 적절한 아이디어라고 여겨지는 것의 수를 세어 다음 기준에 따라 점수를 부여한다.

아이디어의 수	점수	3개	3점
1개	1점	4개	5점
2개	2점	5개	7점

평가 영역 문항	창의성		사고력		융합 사고력	
	유창성, 융통성	독창성	수학 사고력	과학 사고력	문제 파악 능력	문제 해결 능력
01	점	점				
02	점					
03	점					
04	점					
05	점					
06			점			
07					점	점
08	점					
09	점	점				
10	점	점				
11	점					
12	점					
13				점		
14					점	점

평가 영역별 점수	유창성, 융통성	독창성	수학 사고력	과학 사고력	문제 파악 능력	문제 해결 능력
	창의성		사고력		융합 사고력	
	/ 70점		/ 10점		/ 20점	
			총점			

● 평가 결과에 따른 학습 방향

창의성
- **50점 이상**　보다 독창성 있는 아이디어를 내는 연습을 하세요.
- **35~49점**　다양한 관점의 아이디어를 더 내는 연습을 하세요.
- **35점 미만**　적절한 아이디어를 더 내는 연습을 하세요.

사고력
- **6점 이상**　교과 개념과 연관된 응용문제로 문제 적응력을 기르세요.
- **6점 미만**　틀린 문항과 관련된 교과 개념을 다시 공부하세요.

융합 사고력
- **15점 이상**　답안을 보다 구체적으로 작성하는 연습을 하세요.
- **10~14점**　문제 해결 방안의 아이디어를 다양하게 내는 연습을 하세요.
- **10점 미만**　실생활과 관련된 기사로 수학·과학적 사고를 확장하는 연습을 하세요.

01 창의성

평가 영역	일반 창의성
사고 영역	유창성, 융통성, 독창성

예시답안

① 지혜가 물건값을 잘못 계산했다.

② 지혜가 계산한 물건을 두고 나왔다.

③ 지혜가 점원이 아는 사람과 닮아서 확인하기 위해서이다.

④ 엘리베이터가 고장나서 알려주기 위해서이다.

⑤ 지혜가 잔돈을 받지 않고 나왔다.

⑥ 지혜의 옷이 예뻐서 어디에서 샀는지 궁금해서 물어보기 위해서이다.

⑦ 지혜가 예뻐서 연락처를 물어보기 위해서이다.

⑧ 지혜가 결제한 카드를 두고 나왔다.

⑨ 지혜를 모델로 쓰기 위해서이다.

⑩ 지혜가 낸 돈이 위조지폐였기 때문이다.

⑪ 지혜가 산 운동화는 사은품을 주는 행사 상품이라 사은품을 챙겨주기 위해서이다.

⑫ 운동화 사이즈가 다르기 때문이다.

⑬ 지금 시간에는 엘리베이터에 사람이 많아서 타기 힘드니 에스컬레이터로 이동하는 것이 빠르다는 것을 알려주기 위해서이다.

⑭ 지혜가 타려는 엘리베이터는 직원 전용이라서 고객 전용 엘리베이터를 타는 곳을 알려주기 위해서이다.

채점 기준 총체적 채점

유창성, 융통성(5점) : 적절한 아이디어의 수와 범주
* 점원이 지혜를 부른 이유로 적절한 것만 아이디어로 평가한다.
* 같은 아이디어가 반복되는 경우 1개의 아이디어로 평가한다.
* 적절한 아이디어라고 여겨지는 것의 수를 세어 다음 기준에 따라 점수를 부여한다.

아이디어의 수	점수
1~3개	1점
4~5개	2점
6~7개	3점
8~9개	4점
10개	5점

독창성(2점) : 아이디어가 얼마나 독특하고 창의적인가?
* 유창성, 융통성 점수를 받은 아이디어에 한해서 독창성 채점을 한다.
* 학생들의 답안을 토대로 흔한 아이디어 목록을 구성하고, 그에 포함되지 않는 아이디어의 수를 세어 다음 기준에 따라 점수를 부여한다.
* 감각적, 감성적 아이디어에는 독창성 점수를 부여한다.

아이디어의 수	점수
1개	1점
2개 이상	2점

02 창의성

평가 영역	일반 창의성
사고 영역	유창성, 융통성

예시답안

① 1 km 앞에 입장 휴게소가 있다.

② 15 km 앞에 그다음 휴게소가 있다.

③ 15 km 앞에 안성 휴게소가 있다.

④ 입장 휴게소에는 식당이 있다.

⑤ 입장 휴게소에 있는 주유소에서 LPG 가스 충전이 가능하다.

⑥ 입장 휴게소에는 잠을 잘 수 있는 시설이 있다.

⑦ 입장 휴게소에는 자동차를 고칠 수 있는 정비소가 있다.

⑧ 입장 휴게소에는 알뜰주유소가 있다.

⑨ 입장 휴게소와 안성 휴게소 사이의 거리는 14 km이다.

⑩ 입장 휴게소에는 화물차 휴게소가 있다.

⑪ 표지판이 있는 곳은 한국의 고속도로이다.

⑫ 우리나라에는 입장과 안성이라는 지역명이 있다.

채점 기준　총체적 채점

유창성, 융통성(7점) : 적절한 아이디어의 수와 범주

＊ 안내 표지판을 통해 알 수 있는 사실만 아이디어로 평가한다.

＊ 같은 아이디어가 반복되는 경우 1개의 아이디어로 평가한다.

＊ 적절한 아이디어라고 여겨지는 것의 수를 세어 다음 기준에 따라 점수를 부여한다.

아이디어의 수	점수	7개	4점
1~2개	1점	8개	5점
3~4개	2점	9개	6점
5~6개	3점	10개	7점

03 창의성

평가 영역	수학 창의성
사고 영역	유창성, 융통성

예시답안

① 두 자리 수이다.

② 소수이다. 더 작은 두 수의 곱으로 나눌 수 없다.

③ 각 자리 숫자를 더하면 5의 배수이다.

④ 홀수이다.

⑤ 4로 나누면 나머지가 3이다.

⑥ 25보다 작은 수이다. 15보다 큰 수이다.

⑦ 각 자리 숫자의 곱은 3의 배수이다.

⑧ 1을 더하면 4의 배수가 된다.

⑨ 각 자리 숫자 중 큰 숫자에서 작은 숫자를 뺀 수를 7로 나누면 1이다.

⑩ 두 수에서 6을 빼면 소수이다.

⑪ 5로 나누어지지 않는다. 3으로 나누어지지 않는다.

⑫ 2로 나누면 나머지가 1이다.

⑬ 일의 자리 숫자는 3의 배수이다.

채점 기준 총체적 채점

유창성, 융통성(7점) : 적절한 아이디어의 수와 범주

* 19와 23의 공통점으로 적절한 것만 아이디어로 평가한다.

* 같은 아이디어가 반복되는 경우 1개의 아이디어로 평가한다.

* 적절한 아이디어라고 여겨지는 것의 수를 세어 다음 기준에 따라 점수를 부여한다.

아이디어의 수	점수		7개	4점
1~2개	1점		8개	5점
3~4개	2점		9개	6점
5~6개	3점		10개	7점

04 창의성

평가 영역	수학 창의성
사고 영역	유창성

모범답안

① 1 cm
② 3−1=2 (cm)
③ 3 cm
④ 3+1=4 (cm)
⑤ 18−8−3=7 (cm)
⑥ 8 cm
⑦ 18−8−1=9 (cm)
⑧ 18−8=10 (cm)
⑨ 18+1−8=11 (cm)
⑩ 18+3−8=13 (cm)

⑪ 18−3=15 (cm)
⑫ 18−1=17 (cm)
⑬ 18 cm
⑭ 18+1=19 (cm)
⑮ 18+3=21 (cm)
⑯ 18+8−3=23 (cm)
⑰ 18+8−1=25 (cm)
⑱ 18+8=26 (cm)
⑲ 18+8+1=27 (cm)
⑳ 18+8+3=29 (cm)

채점 기준 총체적 채점

유창성(7점) : 적절한 아이디어의 수와 범주
* 막대를 이용하여 잴 수 길이만 아이디어로 평가한다.
* 적절한 아이디어라고 여겨지는 것의 수를 세어 다음 기준에 따라 점수를 부여한다.

아이디어의 수	점수	15~16개	4점
1~10개	1점	17~18개	5점
11~12개	2점	19개	6점
13~14개	3점	20개	7점

05 창의성

평가 영역	수학 창의성
사고 영역	유창성

모범답안

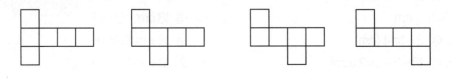

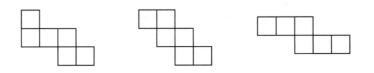

채점 기준   총체적 채점

유창성(7점) : 적절한 아이디어의 수와 범주

＊ 정육면체의 전개도만 아이디어로 평가한다.

＊ 적절한 아이디어라고 여겨지는 것의 수를 세어 다음 기준에 따라 점수를 부여한다.

아이디어의 수	점수	8개	4점
1~3개	1점	9개	5점
4~5개	2점	10개	6점
6~7개	3점	11개	7점

06 사고력

평가 영역	사고력
사고 영역	수학 사고력

모범답안

[⬜ 에 들어갈 수] 24

[풀이 과정]

아래 그림과 같이 ⬜ 안의 수는 ○×◇ − ● = ◆이 성립한다.

따라서 ⬜ 안에 들어갈 숫자는 4×9−12=24이다.

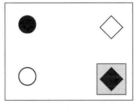 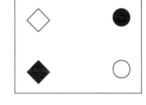

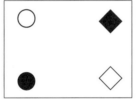 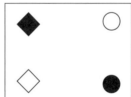

채점 기준   요소별 채점

수학 사고력(5점)

채점 기준	점수
답을 정확히 구한 경우	2점
풀이 과정을 바르게 서술한 경우	3점

07 융합 사고력

평가 영역	융합 사고력–수학
사고 영역	문제 파악 능력, 문제 해결 능력

모범답안

(1) 원을 한없이 잘게 잘라 붙이면 원의 넓이와 직사각형의 넓이가 같기 때문이다.

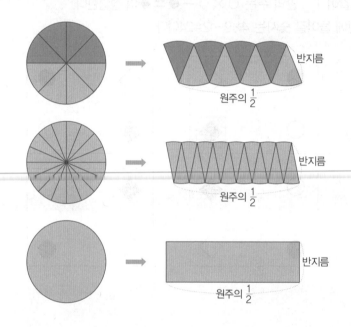

원주=지름×원주율=반지름×2×원주율로 구할 수 있다.

따라서 직사각형의 넓이는

반지름×2×원주율×$\frac{1}{2}$×반지름

=반지름×원주율×반지름

=반지름×반지름×3.14

채점 기준 요소별 채점

문제 파악 능력(3점)

채점 기준	점수
'반지름×반지름×3.14'의 식으로 원의 넓이를 구하는 이유를 바르게 서술한 경우	3점

예시답안

(2)

① 자동차나 자전거의 바퀴: 잘 굴러가도록 하기 위해서이다.

② 보온병: 겉넓이를 작게 하여 열의 방출을 줄이기 위해서이다.

③ 공: 잘 구르고 튀기 적절한 모양이기 때문이다.

④ 컵: 어느 방향으로도 쉽게 마실 수 있기 위해서이다.

⑤ 통조림: 겉넓이를 작게 하여 적은 비용으로 용기를 만들기 위해서이다.

⑥ 식물의 줄기 단면: 식물을 잘 지탱하고 일정한 방향으로 성장하기 위해서이다.

⑦ 동전: 손을 다치거나 주머니에 구멍이 나지 않기 위해서이다.

⑧ 맨홀 뚜껑: 뚜껑이 구멍 속으로 떨어지지 않도록 하기 위해서이다.

⑨ 연료 저장 탱크: 적은 재료로 많은 연료를 저장할 수 있게 하기 위해서이다.

⑩ 아치형의 다리: 다리를 튼튼하게 만들기 위해서이다.

채점 기준 총체적 채점

문제 해결 능력(7점)

★ 원이 활용된 물건과 그 이유를 바르게 서술한 경우만 아이디어로 평가한다.

★ 같은 아이디어가 반복되는 경우 1개의 아이디어로 평가한다.

★ 적절한 아이디어라고 여겨지는 것의 수를 세어 다음 기준에 따라 점수를 부여한다.

아이디어의 수	점수		7개	4점
1~2개	1점		8개	5점
3~4개	2점		9개	6점
5~6개	3점		10개	7점

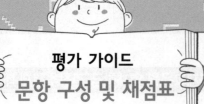

08 창의성

평가 영역	일반 창의성
사고 영역	유창성, 융통성

예시답안

① 바닷물을 증발시켰을 때 남는 하얀 가루는 무엇인가?

② 염화 나트륨을 다른 말로 무엇이라고 하는가?

③ 염전은 무엇을 만드는 곳인가?

④ 다음 ☐ 안에 공통적으로 들어갈 말은 무엇인가?

　　맛☐☐, 굵은☐☐, ☐☐쟁이, ☐☐장수, 깨☐☐

⑤ 재수 없는 사람이 다녀간 후에 뿌리는 것은 무엇인가?

⑥ 옛날에 이불에 오줌을 싼 어린아이가 키를 쓰고 얻으러 다닌 것은 무엇인가?

⑦ 간고등어는 고등어를 무엇에 절인 것인가?

⑧ 대나무 속에 ☐☐을 넣고 구우면 치약으로 사용할 수 있다. ☐☐는 무엇인가?

⑨ 다음 속담의 ☐☐에 들어갈 밀도 직당인 것은 무엇인가?

　　'부뚜막의 ☐☐도 집어넣어야 짜다.'

⑩ 주스를 넣은 통을 얼음 사이에 넣고 아이스크림을 만들 때, 얼음에 무엇을 뿌려야 주스가 어는가?

⑪ 짠맛이 나는 대표적인 고체는 무엇인가?

⑫ 금은 금인데 먹을 수 있는 금은?

채점 기준　총체적 채점

유창성, 융통성(7점) : 적절한 아이디어의 수와 범주

* 답이 소금인 것만 아이디어로 평가한다.

* 같은 아이디어가 반복되는 경우 1개의 아이디어로 평가한다.

* 적절한 아이디어라고 여겨지는 것의 수를 세어 다음 기준에 따라 점수를 부여한다.

아이디어의 수	점수		7개	4점
1~2개	1점		8개	5점
3~4개	2점		9개	6점
5~6개	3점		10개	7점

09 창의성

평가 영역	일반 창의성
사고 영역	유창성, 융통성, 독창성

예시답안

① '사'자로 끝난다.

② 치료와 관련이 있다.

③ 모두 직업이다.

④ 주로 흰색 옷을 입는다.

⑤ 이름이 쓰인 옷을 입거나 이름표를 달고 있다.

⑥ 아픈 사람과 함께 있다.

⑦ 자주 보는 사람은 건강이 좋지 않은 사람이다.

⑧ 병원 냄새가 난다.

⑨ 사람들이 선생님이라고 부른다.

⑩ 아픈 사람을 상대하는 직업이다.

⑪ 청결을 중요하게 생각한다.

⑫ 대학을 졸업한 사람이다.

⑬ 과학과 관련된 직업이다.

채점 기준 총체적 채점

유창성, 융통성(5점) : 적절한 아이디어의 수와 범주

* 의사, 간호사, 약사의 공통점으로 일반적이지 않거나 억지스러운 것은 아이디어로 평가하지 않는다.
* 같은 아이디어가 반복되는 경우 1개의 아이디어로 평가한다.
* 적절한 아이디어라고 여겨지는 것의 수를 세어 다음 기준에 따라 점수를 부여한다.

아이디어의 수	점수
1~3개	1점
4~5개	2점
6~7개	3점
8~9개	4점
10개	5점

독창성(2점) : 아이디어가 얼마나 독특하고 창의적인가?

* 유창성, 융통성 점수를 받은 아이디어에 한해서 독창성 채점을 한다.
* 학생들의 답안을 토대로 흔한 아이디어 목록을 구성하고, 그에 포함되지 않는 아이디어의 수를 세어 다음 기준에 따라 점수를 부여한다.
* 감각적, 감성적 아이디어에는 독창성 점수를 부여한다.

아이디어의 수	점수
1개	1점
2개 이상	2점

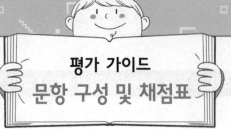

⑩ 창의성

평가 영역	과학 창의성
사고 영역	유창성, 융통성, 독창성

예시답안

① 평소에는 접거나 말아서 가지고 다니다가 사용할 때에는 펼쳐서 사용할 수 있는 스마트폰이 만들어질 것이다.

② 말로 모든 기능을 사용할 수 있는 스마트폰이 만들어질 것이다.

③ 손등이나 팔에 붙여서 사용할 수 있는 스마트폰이 만들어질 것이다.

④ 필요한 기능을 선택해 조립할 수 있는 스마트폰이 만들어질 것이다.

⑤ 태양빛으로 충전을 할 수 있어 전기로 충전할 필요가 없는 스마트폰이 만들어질 것이다.

⑥ 가상 현실을 스마트폰을 통해 볼 수 있을 것이다.

⑦ 스마트폰 화면을 홀로그램으로 볼 수 있을 것이다.

⑧ 생체 에너지를 이용하여 배터리가 필요없는 스마트폰이 만들어질 것이다.

채점 기준 총체적 채점

유창성, 융통성(5점) : 적절한 아이디어의 수와 범주
* 이미 활용되고 있는 것은 아이디어로 평가하지 않는다.
* 같은 아이디어가 반복되는 경우 1개의 아이디어로 평가한다.
* 적절한 아이디어라고 여겨지는 것의 수를 세어 다음 기준에 따라 점수를 부여한다.

아이디어의 수	점수
1개	1점
2개	2점
3개	3점
4개	4점
5개	5점

독창성(2점) : 아이디어가 얼마나 독특하고 창의적인가?
* 유창성, 융통성 점수를 받은 아이디어에 한해서 독창성 채점을 한다.
* 학생들의 답안을 토대로 흔한 아이디어 목록을 구성하고, 그에 포함되지 않는 아이디어의 수를 세어 다음 기준에 따라 점수를 부여한다.
* 감각적, 감성적 아이디어에는 독창성 점수를 부여한다.

아이디어의 수	점수
1개	1점
2개 이상	2점

⑪ 창의성

평가 영역	과학 창의성
사고 영역	유창성, 융통성

예시답안

① 태양의 위치나 이동 방향을 보고 북쪽을 찾는다.
② 밤에는 북극성의 위치나 별자리의 이동 방향을 보고 북쪽을 찾는다.
③ 이끼나 나무가 자라는 방향을 보고 북쪽을 찾는다.
④ 낮에 막대를 세운 후 막대 그림자의 이동 방향을 보고 북쪽을 찾는다.
⑤ 나무의 나이테를 이용해 북쪽을 찾는다.
⑥ 바늘이 있는 시계로 북쪽을 찾는다.

해설

① 하루 동안 태양은 동쪽, 남쪽, 서쪽을 지나므로 태양이 지나지 않는 곳이 북쪽이다.
② 북극성이 있는 곳이 북쪽이고, 하루 동안 별자리는 동쪽, 남쪽, 서쪽을 지나므로 별자리가
   지나지 않는 곳이 북쪽이다.
③ 이끼는 햇빛을 싫어하므로 이끼가 자라는 곳이 북쪽이고, 나무는 햇빛을 향해 자라므로
   나뭇잎이 많고 가지가 많은 곳이 남쪽이다.
④ 막대의 그림자는 서쪽, 북쪽, 동쪽으로 이동하므로 그림자가 이동하지 않는 곳이 북쪽이다.
⑤ 햇빛을 많이 받는 남쪽은 나이테 간격이 넓고, 북쪽은 좁다.
⑥ 시침을 태양과 일직선이 되도록 맞춘 후 시침과 12시의 가운데 부분이 가리키는 곳이 남
   쪽이다.

채점 기준   총체적 채점

유창성, 융통성(7점) : 적절한 아이디어의 수와 범주
* 북쪽을 찾을 수 있는 방법으로 불가능하거나 적절하지 않은 것은 아이디어로 평가하지 않는다.
* 같은 아이디어가 반복되는 경우 1개의 아이디어로 평가한다.
* 적절한 아이디어라고 여겨지는 것의 수를 세어 다음 기준에 따라 점수를 부여한다.

아이디어의 수	점수		3개	3점
1개	1점		4개	5점
2개	2점		5개	7점

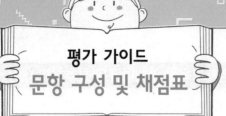

평가 가이드
문항 구성 및 채점표

12 **창의성**

평가 영역	과학 창의성
사고 영역	유창성, 융통성

예시답안

① 원유를 가열해 여러 종류의 기름으로 분리한다.

② 콩을 간 물에 간수를 넣어 콩 단백질만 응고시켜 두부를 만든다.

③ 수돗물을 걸러 마실 물을 만든다.

④ 철광석을 가열해 철을 얻는다.

⑤ 체로 흙 속의 자갈을 걸러낸다.

⑥ 오염된 공기를 공기 청정기의 필터로 걸러 깨끗한 공기를 만든다.

⑦ 물을 전기 분해하여 수소와 산소를 얻는다.

⑧ 키로 쌀겨를 걸러낸다.

⑨ 사금이 섞인 모래를 그릇에 담아 물속에서 흔들면 모래는 씻겨 나가고, 무거운 사금만 남는다.

⑩ 혈액을 원심 분리기에 넣고 회전시켜 혈구와 혈장을 분리한다.

채점 기준 총체적 채점

유창성, 융통성(7점) : 적절한 아이디어의 수와 범주
* 혼합물을 분리하여 활용하는 예만 아이디어로 평가한다.
* 같은 아이디어가 반복되는 경우 1개의 아이디어로 평가한다.
* 적절한 아이디어라고 여겨지는 것의 수를 세어 다음 기준에 따라 점수를 부여한다.

아이디어의 수	점수		3개	3점
1개	1점		4개	5점
2개	2점		5개	7점

⑬ 사고력

평가 영역	사고력
사고 영역	과학 사고력

모범답안

곤충에 의해 꽃가루받이가 일어나는 장미꽃은 향이 진하고 화려해야 곤충의 눈에 쉽게 띄어 꽃가루받이가 일어날 확률이 높다. 바람에 의해 꽃가루받이가 일어나는 벼꽃은 꽃가루가 바람에 잘 날릴 수 있게 무게가 가볍고 꽃가루 양이 많아야 꽃가루받이가 일어날 확률이 높다.

해설

꽃은 번식하기 위해 수술에서 만든 꽃가루가 암술로 옮겨져야 한다. 수술의 꽃가루는 다양한 방법으로 암술머리로 옮겨지는데, 이를 꽃가루받이라고 한다. 꽃가루받이가 일어나는 방법에 따라 곤충에 의해 옮겨지는 충매화, 바람에 의해 옮겨지는 풍매화, 새에 의해 옮겨지는 조매화, 물에 의해 옮겨지는 수매화로 구분할 수 있다. 충매화로는 장미, 해바라기, 연꽃 등이 있으며, 꽃이 크고 아름다우며 진한 향과 꿀이 있다. 풍매화로는 벼, 보리와 같은 곡식이나 소나무, 잣나무 등의 침엽수 등이 있으며, 꽃가루 양이 많고 바람에 잘 날린다. 조매화로는 동백나무, 바나나 나무 등이 있으며, 꽃이 크고 새가 꿀을 빨아 먹기 좋게 생겼다. 수매화로는 검정말, 나사말, 개구리밥 등이 있으며 꽃가루가 물에 흩어지거나 가라앉으면서 꽃가루받이가 이루어진다.

채점 기준 요소별 채점

과학 사고력(5점)

채점 기준	점수
이유를 바르게 서술한 경우	5점

14 융합 사고력

평가 영역	융합 사고력-과학
사고 영역	문제 파악 능력, 문제 해결 능력

모범답안

(1) 삼각형 형태가 가장 안정한 상태를 유지하므로 폭풍이 몰아치거나 파도가 높을 때 등 외부 충격으로 파손되거나 끊어지는 것을 막기 위해서이다.

해설

삼각형 형태의 모듈을 서로 고정하되, 완전히 붙이지 않고 조금씩 떨어뜨려 놓으면 구조물을 안전하게 유지할 수 있다.

인공 섬

http://m.site.naver.com/0lsR9

채점 기준   요소별 채점

문제 파악 능력(3점)

채점 기준	점수
안정성에 관해 서술한 경우	3점

예시답안

(2)

① 에너지 : 육지에서 만들어진 에너지를 사용할 수 없으므로 원자력 에너지, 풍력 에너지, 조력 에너지, 파력 에너지, 해수온도차 발전, 태양열 에너지, 태양빛 에너지, 바이오 연료 등을 이용한다.

② 식수 : 지하수나 강물과 같은 담수가 없으므로 해수를 담수로 만들어 사용하거나 빗물 저장 장치를 만든다.

③ 식량 : 농작물 재배량이 부족하므로 바다에서 생선과 해조류를 얻어서 이용하거나 양식장에서 길러서 이용한다. 수경 재배를 통해 농작물을 재배한다.

④ 위치 고정 : 케이블로 인공 섬을 바닥에 고정하고 정해진 위치에서 벗어나면 체인을 감아 원래 위치에 있도록 조절한다.

⑤ 육지와의 연결 : 다리로 연결하거나 항만 시설을 만들어 배로 이동한다.

⑥ 파도와 해일 : 해양 도시 가장자리에 방파제를 쌓는다.

해설

미래에는 과학 기술이 더욱 발달하여 인류의 활동 무대는 육지에 국한되지 않고 우주, 지하, 수중 공간 등으로 그 영역이 넓어질 전망이다. 인공 섬을 만드는 방법은 크게 3가지가 있다. 물 위에 띄운 부유식 인공 섬, 땅에 말뚝을 박고 바다 위에 만드는 잔교식 인공 섬, 바다에 자갈이나 흙을 부어 매립하는 매립식 인공 섬이 있다. 서울에 위치한 세빛섬(세빛둥둥섬)이 대표적인 부유식 인공 섬이고, 인천 국제공항과 송도 국제 신도시는 매립식 인공 섬이다. 일반적으로 부유식 해상구조물은 해수 순환과 이동이 자유로우므로 연안의 매립 및 간척보다는 해양 환경에 미치는 영향이 상대적으로 적다는 점에서 친환경적이다. 해안을 매립해서 만든 두바이 팜아일랜드가 해양 생태계를 급격히 훼손한 예를 통해 알 수 있다. 현재 여러 국가에서 부유식 인공 섬을 만들어 공항, 여객선 터미널, 박물관, 수족관, 석유 비축 기지, 레저용, 양식장, 발전 시설, 폐기물처리시설 등으로 사용하고 있다. 지구 온난화로 침수가 우려되는 여러 나라에서도 인공 섬으로 해상 도시를 만들 계획을 하고 있다.

해상 도시

http://m.site.naver.com/0IsRc

채점 기준   총체적 채점

문제 해결 능력(7점)

* 해상 도시를 건설할 때 고려해야 할 점과 해결 방법으로 적절한 것만 아이디어로 평가한다.
* 같은 아이디어가 반복되는 경우 1개의 아이디어로 평가한다.
* 적절한 아이디어라고 여겨지는 것의 수를 세어 다음 기준에 따라 점수를 부여한다.

채점 기준	점수	3개	3점
1개	1점	4개	5점
2개	2점	5개	7점

평가 가이드
문항 구성 및 채점표

영재성검사
창의적 문제해결력

기출문제

정답 및 해설

01 사고력

모범답안

(1) (가) : 2×2=4 (cm²)

(나) : $\frac{1}{2}$×2×(2×0.87)=1.74 (cm²)

(다) : (나)의 넓이×6=1.74×6=10.44 (cm²)

(라) : (나)의 넓이×2=1.74×2=3.48 (cm²)

(마) : (라)의 넓이×$\frac{1}{2}$=3.48×$\frac{1}{2}$=1.74 (cm²)

(2) ① (가)+(나)×10
② (가)+(나)×4+(다)
③ (가)+(나)×3+(다)+(마)
④ (가)+(나)×2+(다)+(라)
⑤ (가)+(나)×2+(다)+(마)×2
⑥ (가)+(나)+(다)+(라)+(마)
⑦ (가)+(다)+(라)×2
⑧ (가)+(다)+(라)+(마)×2
⑨ (가)+(다)+(마)×4
⑩ (가)+(나)×8+(라)
⑪ (가)+(나)×6+(라)×2
⑫ (가)+(나)×4+(라)×3
⑬ (가)+(나)×2+(라)×4
⑭ (가)+(라)×5

해설

(2) (다), (라), (마)의 넓이는 모두 (나)의 넓이를 사용해서 나타낼 수 있다.

넓이의 합이 21.4 cm²이고 (나)의 넓이가 1.74 cm²이므로 소수 둘째 자리의 수가 0이 되려면 (나)가 5개 또는 10개 있어야 한다.

(나)를 5개 사용한 경우 : 21.4-1.74×5=12.7 (cm²),

(나)를 10개 사용한 경우 : 21.4-1.74×10=4 (cm²)

이므로 4 cm²는 (가)를 사용하여 나타낸다.

따라서 (가)는 1개를 사용하고 나머지는 (나)가 10개가 되도록 (다), (라), (마)를 사용하여 식을 세운다.

02 사고력

예시답안

① 오른쪽 첫 번째 세로줄은 1이 반복된다.

② 오른쪽 두 번째 세로줄은 1, 2, 3, 4, …로 1씩 커진다.

③ 왼쪽 첫 번째 대각선(╱)은 1이 반복된다.

④ 왼쪽 두 번째 대각선(╱)은 1, 2, 3, 4, …로 1씩 커진다.

⑤ 짝수 번째 가로줄 가운데(⬭)에 같은 수가 두 번 반복된다.

⑥ 1+4=5, 6+15=21, 8+28=36과 같이 ⌐ 모양에서 윗줄 두 수의 합은 아랫줄 앞의 수와 같다.

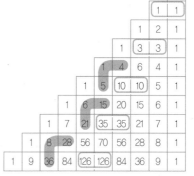

⑦ 각 가로줄의 합이 1, 1+1=2, 1+2+1=4, 1+3+3+1=8, 1+4+6+4+1=16, …으로 2의 거듭제곱의 꼴이다.

⑧ 세 번째 가로줄부터 홀수 번째 가로줄은 가운데 수를 중심으로 좌우 대칭이다.

⑨ 오른쪽 첫 번째 세로줄과 왼쪽 첫 번째 대각선(╱), 오른쪽 두 번째 세로줄과 왼쪽 두 번째 대각선(╱), 오른쪽 세 번째 세로줄과 왼쪽 세 번째 대각선(╱), …은 같은 수이다.

03 사고력

모범답안

D−E−I −J−L

해설

☆ 지점에 도착하기 위해서는 J를 지나야 하고, 출발점에서 J까지 가는 도중에 주사위에 적힌 눈의 수가 1인 면이 바닥에 한 번은 닿게 된다. 주사위에 적힌 눈의 수가 1인 면이 바닥에서 위로 올라오는 경우는 한 방향으로 2번 굴렸을 때, 위(아래)−왼쪽(오른쪽)−위(아래)로 3번 굴렸을 때, 위(아래)−왼쪽(오른쪽)−왼쪽(오른쪽)−…−위(아래)로 여러 번 굴렸을 때 등이 있다. 총 6번 굴려서 ☆ 지점 도착해야 하므로 3번 굴려 주사위에 적힌 눈의 수가 1인 면이 바닥에 닿게 하고, 나머지 3번 굴려 주사위 윗면에 적힌 눈의 수가 1이 되게 한다.

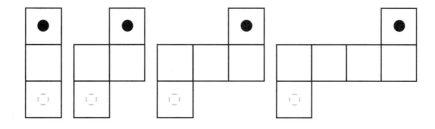

04 창의성

모범답안

(1)
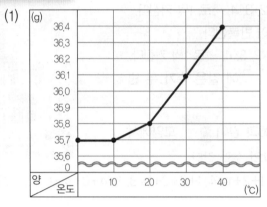

(2) 천을 이용해 건더기를 걸러낸다.

(3) 달이기 과정이 끝나면 물이 끓어 간장의 진하기가 진해지므로 간이 비중계는 위로 떠오른다. 따라서 수면 위로 드러난 간이 비중계의 눈금의 개수는 늘어난다.

해설

(3) 용액의 진하기가 진할수록 간이 비중계가 높이 떠오른다.

▲ 달이기 전

▲ 달이기 후

05 사고력

모범답안

(1) 64마리
(2) 7168마리

해설

(1) 시간당 새로 생겨난 생명체 X의 수는 다음 표와 같다.

시각	오전 9시	오전 10시	오전 11시	오후 12시	오후 1시	오후 2시	오후 3시
생명체 X의 수	1마리	2마리	4마리	8마리	16마리	32마리	64마리

따라서 오후 3시에 새로 생겨난 생명체 X는 64마리이다.

(2) 생명체 X의 생존 시간은 2시간 30분이므로 3시간 전인 오후 6시까지 만들어진 생명체 X는 모두 죽고 없다. 오후 9시에 생존해 있는 생명체 X의 수는 오후 9시에 새로 생겨난 생명체 X와 오후 8시와 오후 7시에 생겨난 생명체 X이다.

7시에 생겨난 생명체 X의 수 : $1 \times 2 \times 2 \times 2 \times 2 \times 2 \times 2 \times 2 \times 2 \times 2 \times 2 = 1024$ (마리)

8시에 생겨난 생명체 X의 수 : $1024 \times 2 = 2048$ (마리)

9시에 생겨난 생명체 X의 수 : $2048 \times 2 = 4096$ (마리)

따라서 오후 9시에 생존해 있는 생명체 X의 수는 $1024 + 2048 + 4096 = 7168$ (마리)이다.

기출문제
정답 및 해설

06 사고력

(1) 11번

(2)

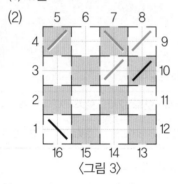

〈그림 3〉

홀수 번째로 통과하는 방은 가림판의 모양이 바뀌고, 짝수 번째로 통과하는 방은 가림판의 모양이 그대로이다.

(1)

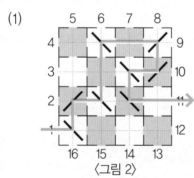

〈그림 2〉

(2)

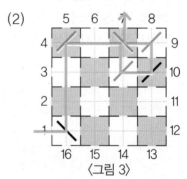

〈그림 3〉

07 사고력

모범답안

3, 4, 6, 9

해설

① 5회의 결과에 의해 0, 1, 5, 7은 제외한다.

② 1회의 결과에서 철수가 고른 숫자는 2, 3, 4 중에서 2개, 6, 8, 9 중에서 2개이다.

③ 2회의 결과에서 철수가 고른 숫자는 9이다.

④ 3회의 결과에서 철수가 고른 숫자가 8이면 ②를 만족하지 않으므로 8을 제외한다.

⑤ 철수가 고른 숫자 중 2개는 6, 9이고, 4회의 결과와 ②에서 철수가 고른 나머지 2개의 숫자는 3, 4이다.

08 사고력

모범답안

가장 작을 때의 식 : $29 \div 6 = 4 \cdots 5$

두 번째로 작을 때의 식 : $33 \div 7 = 4 \cdots 5$

해설

A가 가장 작으려면 나누는 수와 몫이 작아야 하고, 나머지는 나누는 수보다 작아야 한다.

따라서 가장 작은 수인 4를 몫에 놓고 식을 완성한다.

09 사고력

모범답안

(1) B : 토끼풀, C : 토끼, D : 늑대

(2) C가 갑자기 감소하면 C를 먹는 D도 감소하지만 C가 먹는 B는 증가할 것이다. 그러면 먹이가 늘어난 C는 다시 증가할 것이고, C가 증가하면 D도 증가할 것이다.

(3) 과정 ⑤ : 접시의 내부 온도를 각각 10 ℃, 15 ℃, 20 ℃, 25 ℃, 30 ℃로 맞춘다.

해설

(1) B는 핵이 있고 세포벽이 있으며 증산 작용을 하므로 식물인 토끼풀이다.

C는 핵이 있고 세포벽이 없으므로 동물이며, 천적이 있으므로 1차 소비자인 토끼이다.

D는 핵이 있고 세포벽이 없으므로 동물이며, 송곳니가 발달하고 천적이 없으므로 최종 소비자인 늑대이다.

A는 핵이 없는 대장균이다.

(2) 1차 소비자가 감소하면, 1차 소비자를 먹는 2차 소비자도 감소하지만 생산자는 증가한다. 시간이 지나면 생산자가 많아지므로 1차 소비자가 다시 증가하고, 1차 소비자가 증가하면 2차 소비자도 증가한다.

(3) 가설을 통해 차가운 곳과 따뜻한 곳에서 A의 수가 어떻게 변하는지 알아보는 실험인 것을 알 수 있다. 따라서 온도를 다르게 하여 실험한다.

10 창의성

모범답안

새가 물속으로 잠수하면 물에 젖지 않는 깃털 때문에 깃털과 피부 사이에 공기층이 생겨 체온을 일정하게 유지하고 물에 잘 뜨게 한다.

해설

물에서 헤엄치는 새들은 기름샘의 기름을 부리에 묻힌 후 깃털에 꼼꼼히 발라 깃털이 물에 젖지 않도록 한다. 깃털이 물에 젖으면 체온이 낮아져 죽을 수 있다.

⑪ 사고력

예시답안

(1) 이산화 탄소가 바닷물에 녹아 바닷물이 산성화되면 탄산 칼슘이 바닷물에 녹아 부족해진다. 따라서 바다 달팽이가 탄산 칼슘이 주성분인 껍질을 제대로 만들지 못하기 때문이다.

(2) • 숲을 만들어 식물의 광합성 작용을 늘린다.

　　• 탄소세를 부과하여 화석연료 사용을 줄인다.

　　• 공기 중에 배출된 이산화 탄소를 액화시켜 지하에 저장하거나 필요한 곳에 활용한다.

해설

(1) 바다 달팽이는 바닷물 속의 탄산 칼슘으로 껍질을 만든다. 이산화 탄소가 바닷물에 녹으면 바닷물이 산성화되고, 탄산 칼슘은 산성인 바닷물에 녹는다. 바닷물에 탄산 칼슘이 부족해지면 탄산 칼슘을 껍질이나 뼈대로 삼는 산호나 연체동물 등의 해양 동물은 치명적인 타격을 입는다. 해양 산성화는 따뜻한 열대 바다보다 차가운 북극해나 남극해에서 더 문제가 된다. 수온이 낮으면 대기 중의 이산화 탄소가 바닷물에 많이 녹게 되어 산성화가 빨리 진행되기 때문이다.

(2) 이산화 탄소를 포집하고 저장하는 방법은 환경보호 및 온실가스 감축을 위한 중요한 기술이다. 이산화 탄소를 포집하는 방법은 세 가지가 있다. 흡수제를 이용해 화석연료가 연소하면서 발생하는 배기가스에서 이산화 탄소를 흡수하여 분리하는 방법, 화석연료로 합성가스를 만드는 과정에서 이산화 탄소를 포집하는 방법, 연료를 연소시킬 때 질소 성분을 제거한 순수한 산소를 이용하여 이산화 탄소와 물이 대부분인 배기가스를 생성한 후 물을 응축시켜 이산화 탄소를 포집하는 방법이다. 포집한 이산화 탄소는 액화시켜 저장하거나 재활용한다. 포집한 이산화 탄소는 보통 800 m~3 km 정도의 깊은 지하에 저장하는데 액체 상태로 주입되고 토양 입자 사이의 물에 용해되어 가라앉기 때문에 장기적으로 누출 가능성은 작다.

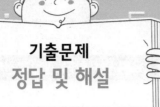
12 창의성

예시답안

① 바닷물에서 소금을 빼면 담수가 플러스다.

② 비만인 사람이 살을 빼면 건강이 플러스다.

③ 아파트에서 층간 소음을 빼면 행복함이 플러스다.

④ 제품에서 과대 포장을 빼면 지구 환경에 플러스다.

⑤ 음식을 포장할 때 공기를 빼면 신선함이 플러스다.

⑥ 생활 속 플라스틱 사용을 빼면 지구 환경에 플러스다.

⑦ 디젤 차량에서 요소수를 빼면 산성비 피해는 플러스다.

⑧ 식품을 보관할 때 공기를 빼면 식품 보관 기간이 플러스다.

⑨ 콘센트에서 쓰지 않는 플러그를 빼면 전기 절약이 플러스다.

13 사고력

모범답안

(1) 산불이 나면 자이언트 세쿼이아 나무 주변의 다른 나무가 제거되어 빛이 잘 들어온다. 또한, 물과 양분을 얻기 위해 다른 식물들과 경쟁하지 않아도 되기 때문에 잘 자랄 수 있다.

(2) 나무껍질이 두껍고 수분을 많이 머금고 있어 발화점 이상으로 온도가 높아지기 힘들기 때문이다.

(3) 솔방울의 수분이 모두 증발하면 솔방울 조각이 수축하여 사이가 벌어져 씨앗이 나온다.

해설

자이언트 세쿼이아 나무는 직사광선이 비치는 곳에서 잘 자라며 그늘에서는 잘 자라지 못한다. 씨앗이 발아하고 묘목이 자라려면 직사광선을 잘 받아야 하는데 주변에 식물이 있으면 묘목이 잘 자라지 못하기 때문이다. 자이언트 세쿼이아 나무는 몇십 미터 공중에서 처음 나뭇가지가 뻗고 잎이 나온다. 산불이 발생하더라도 아랫부분은 나무껍질이 두껍고 수분을 많이 머금고 있어 발화점 이상으로 높아지기 힘들어 잘 타지 않고, 불이 나뭇가지와 잎이 있는 높이까지 도달하기 어려우므로 산불이 발생하더라도 완전히 타지 않고 살아남는다. 불이 나지 않으면 솔방울이 터지지 않고 나무에 달린 상태로 200년을 버티기도 한다. 솔방울은 여러 개의 솔방울 조각(실편)이 모여 이루어져 있는데, 비가 오면 씨앗을 보호하기 위해 오므라들고 맑은 날에는 씨앗을 퍼트리기 위해 활짝 열린다.

사고력

모범답안

(1) 음압실 : 전실, 채취실
　　양압실 : 검사실, 의료인 대기실
(2) 외부에서 유입된 공기는 냉난방 장치를 거친 후 객실의 위에서 아래로 내려와 밖으로 빠져나가므로 객실 내부에서 공기가 서로 섞이지 않기 때문이다.

해설

(1) 음압실은 공급되는 공기의 양보다 빼내는 공기의 양이 많아 출입문이 열려 있을 때 밖의 공기는 들어오지만 안의 공기는 밖으로 나가지 못하게 한다. 환자의 호흡 등으로 배출된 병원균과 바이러스가 섞인 공기는 천장의 정화 시설로 이동하여 외부 유출을 막는다. 양압실은 빼내는 공기의 양보다 공급되는 공기의 양이 많아 출입문이 열려 있을 때 안의 공기가 밖으로 나가지만 밖의 공기는 안으로 들어오지 못한다. 전실은 손을 소독하고 방호복을 입는 공간이다.

(2) 비행기 안에서는 공기가 각 열의 천장에서 바닥으로, 앞에서 뒤로 흐르므로 앞좌석과 뒷자석 사이에 에어커튼이 만들어져 공기 흐름이 차단된다. 또한, 2~3분마다 환기가 이루어지고 필터가 각종 입자를 99 % 걸러주기 때문에 바이러스가 잘 퍼지지 않는다.

기출문제

정답 및 해설

좋은 책을 만드는 길, 독자님과 함께 하겠습니다.

영재성검사 창의적 문제해결력 모의고사 (초등 5~6학년)

개정7판2쇄 발행	2025년 01월 10일 (인쇄 2024년 10월 28일)
초 판 발 행	2018년 01월 05일 (인쇄 2017년 09월 19일)
발 행 인	박영일
책 임 편 집	이해욱
편 저	이상호 · 정영철 · 안쌤 영재교육연구소
편 집 진 행	이미림
표 지 디 자 인	하연주
편 집 디 자 인	채현주 · 홍영란
발 행 처	(주)시대에듀
출 판 등 록	제10-1521호
주 소	서울시 마포구 큰우물로 75 [도화동 538 성지 B/D] 9F
전 화	1600-3600
팩 스	02-701-8823
홈 페 이 지	www.sdedu.co.kr

I S B N	979-11-383-6998-5 (63400)
정 가	17,000원